世纪英才中职项目教学系列规划教材（电工电子类专业）

单片机应用技术基本功

金　杰　主编

人 民 邮 电 出 版 社
北　京

图书在版编目（C I P）数据

单片机应用技术基本功 / 金杰主编. —北京：人民邮电出版社，2009.6
(世纪英才中职项目教学系列规划教材. 电工电子类专业)
ISBN 978-7-115-20591-9

I. 单… II. 金… III. 单片微型计算机－专业学校－教材 IV. TP368.1

中国版本图书馆CIP数据核字（2009）第031452号

内 容 提 要

本书按照中等职业技术学校单片机应用技术的教学大纲，将所要求掌握的基本技能和理论知识分解成 8 个项目，分别是认识单片机及其开发工具、单片机输出控制电路的制作、交通灯控制电路的制作、点阵显示电路的制作、地震报警器的制作、电子时钟的制作、温度测量电路的制作和单片机串行口收发电路的制作。本书在内容组织、结构编排及表达方式等方面都作了重大改革，以基本功为基调，通过“项目教学”来学习理论，再通过学习理论来指导实训，充分体现了理论和实践的结合。本书强调“先做后学，边做边学”，使学生能够快速入门，把对单片机的学习变得轻松愉快，使学生越学越有兴趣。

本书适合于中等职业学校电工电子、机电、电气自动化、通信、工业工程、仪器仪表等专业作为教材使用。

世纪英才中职项目教学系列规划教材（电工电子类专业）

单片机应用技术基本功

◆ 主　　编　金　杰
责任编辑　丁金炎
执行编辑　穆丽丽

◆ 人民邮电出版社出版发行　　北京市崇文区夕照寺街 14 号
邮编　100061　　电子函件　315@ptpress.com.cn
网址　http://www.ptpress.com.cn
三河市潮河印业有限公司印刷

◆ 开本：787×1092　1/16
印张：9.75
字数：212 千字　　2009 年 6 月第 1 版
印数：1－3 000 册　　2009 年 6 月河北第 1 次印刷

ISBN 978-7-115-20591-9/TN

定价：19.00 元

读者服务热线：(010)67129264　印装质量热线：(010)67129223

反盗版热线：(010)67171154

世纪英才中职项目教学系列规划教材（电工电子类专业）

丛书前言

2008年12月13日,“教育部关于进一步深化中等职业教育教学改革的若干意见”【教职成（2008）8 号】指出：中等职业教育要进一步改革教学内容、教学方法，增强学生就业能力；要积极推进多种模式的课程改革，努力形成就业导向的课程体系；要高度重视实践和实训教学环节，突出“做中学、做中教”的职业教育教学特色。教育部对当前中等职业教育提出了明确的要求，鉴于沿袭已久的“应试式”教学方法不适应当前的教学现状，为响应教育部的号召，一股求新、求变、求实的教学改革浪潮正在各中职学校内蓬勃展开。

所谓的“项目教学”就是师生通过共同实施一个完整的“项目”而进行的教学活动，是目前国家教育主管部门推崇的一种先进的教学模式。“世纪英才中职项目教学系列规划教材”丛书编委会认真学习了国家教育部关于进一步深化中等职业教育教学改革的若干意见，组织了一些在教学一线具有丰富实践经验的骨干教师，以国内外一些先进的教学理念为指导，开发了本系列教材，其主要特点如下。

（1）新编教材摒弃了传统的以知识传授为主线的知识架构，它以项目为载体，以任务来推动，依托具体的工作项目和任务将有关专业课程的内涵逐次展开。

（2）在“项目教学”教学环节的设计中，教材力求真正地去体现教师为主导、学生为主体的教学理念，注意培养学生的学习兴趣，并以“成就感”来激发学生的学习潜能。

（3）本系列教材内容明确定位于“基本功”的学习目标，既符合国家对中等职业教育培养目标的定位，也符合当前中职学生学习与就业的实际状况。

（4）教材表述形式新颖、生动。本系列教材在封面设计、版式设计、内容表现等方面，针对中职学生的特点，都做了精心设计，力求激发学生的学习兴趣。书中多采用图表结合的版面形式，力求直观明了；多采用实物图形来讲解，力求形象具体。

综上所述，本系列教材是在深入理解国家有关中等职业教育教学改革精神的基础上，借鉴国外职业教育经验，结合我国中等职业教育现状，尊重教学规律，务实创新探索，开发的一套具有鲜明改革意识、创新意识、求实意识的系列教材。其新（新思想、新技术、新面貌）、实（贴近实际、体现应用）、简（文字简洁、风格明快）的编写风格令人耳目一新。

如果您对这一系列教材有什么意见和建议，或者您也愿意参与到本系列教材中其他专业课教材的编写，可以发邮件至 wuhan@ptpress.com.cn 与我们联系，也可以进入本系列教材的服务网站 www.ycbook.com.cn 留言。

丛书编委会

前言

Foreword

20 世纪 70 年代，单片机技术带来了电子技术的革命，单片机以其可靠性高、性价比高、设计灵活等特点被广泛应用于仪器仪表、家用电器、医用设备、航空航天、通信等各种产品。可以说，在我们周围的电子、电气产品中，单片机无处不在。

单片机课程是中等职业学校电类专业重要的基础课程，并且是很有实用价值、实践性和趣味性的一门课程。由于单片机是集硬件使用与软件编程为一体的学科，既要求有较好的电子技术知识，又要求有一定的逻辑思维能力，所以对于中职学生来说，具有一定难度。然而，传统的教材编排往往是先讲理论，然后配以实训教材，在进行实训时，大部分学生因忘记理论知识或者理解得不够深入而无从下手，使得学生感到很困扰，甚至感到厌烦和惧怕单片机课程。

本教材在内容组织、结构编排及表达方式等方面都作出了重大改革，以强调“基本功”为基调，通过做项目学习理论知识，通过学习理论知识指导实训，充分体现理论和实践的结合。本教材强调“先做再学，边做边学”，把学习单片机变得轻松愉快，使学生能够快速入门，越学越想学。

本书共有 8 个项目，分别是认识单片机及其开发工具、单片机输出控制电路的制作、交通灯控制电路的制作、点阵显示电路的制作、地震报警器的制作、电子时钟的制作、温度测量电路的制作和单片机串行口收发电路的制作。涵盖的理论知识包括单片机内部存储器、输入/输出接口、中断系统、定时器/计数器、串行接口等内容。

本书在项目的选择上，充分考虑到各学校教学设备的状况，具有实验材料易得、制作容易，知识内容由浅及深、实用性强等特点。在实施过程中，既可以使用万能实验板制作，也可以在已有的实验板、实验箱或实验台上完成。

本书由郑州市电子信息工程学校金杰任主编，河南信息工程学校罗敬任副主编。参编老师分工如下：罗敬编写项目一、项目三；金杰编写项目二、项目七；河南机电学校台畅编写项目四；南阳现代信息技术学校赵永杰编写项目五、项目六；漯河一中专江宏伟编写项目八和附录。全书由金杰通稿。武汉市第二职业教育中心学校刘起义和河南信息工程学校王国玉对本书进行了审校。在教材构思过程中，还得到了杨承毅老师的指导和帮助，在此深表谢意！

另附教学建议学时表如下表所示，在实施中任课教师可根据具体情况适当调整和取舍。

序　号	内　容	学　时
项目一	认识单片机及其开发工具	8
项目二	单片机输出控制电路的制作	14
项目三	交通灯控制电路的制作	8
项目四	点阵显示电路的制作	12
项目五	地震报警器的制作	8
项目六	电子时钟的制作	10
项目七	温度测量电路的制作	12
*项目八	单片机串行口收发电路的制作	10
总学时数		82

注：*表示为选学内容。

由于编者水平有限，书中难免存在错误和不妥之处，恳请读者批评指正。

编　者

2009 年 1 月

目录

Contents

项目一　认识单片机及其开发工具

项目情境创设

随着电子技术的发展，越来越多的家用电器具备了“自动”、“智能”、“电脑”和“微电脑控制”等功能，如全自动洗衣机、智能冰箱、电脑万年历、微电脑控制电风扇等。这些“自动”、“智能”和“电脑控制”是怎么回事？又是怎么实现的呢？

事实上，能够实现这些功能全是单片机的功劳，下面我们就先来认识一下单片机吧。

项目学习目标

项目学习目标		学 习 方 式	学时
技能目标	① 了解 MCS-51 单片机的外部引脚及其功能。 ② 了解单片机开发系统的常用工具。 ③ 掌握 WAVE 仿真软件的安装与使用方法	学生实际练习，教师指导安装和使用	4 课时
知识目标	① 掌握单片机中数制与编码方法。 ② 熟悉单片机最小应用系统的组成	教师讲授重点：单片机最小应用系统的组成	4 课时

项目基本功

一、项目基本技能

单片微型计算机（Single-Chip Microcomputer），简称单片机，是一种集成电路芯片，它采用超大规模技术把具有数据处理能力的微处理器（CPU）、随机存储器（RAM）、只读存储器（ROM）、定时/计数器、输入/输出电路以及中断系统等电路集成到一块芯片上，构成一个最小却完善的计算机系统。它能够单独完成现代工业控制系统所要求的智能化控制功能。同时，在家用电器、机电一体化以及仪器仪表行业等领域，单片机都正在发挥着巨大的作用。

单片机的应用从根本上改变了传统的控制系统设计思想和设计方法。以往由继电器接触器控制，模拟电路、数字电路实现的大部分控制功能，现在都能够使用单片机通过软件的方式来实现，这种以软件取代硬件并能够提高系统性能的微控制技术，随着单片机应用的推广普及，不断发展，日益完善。因此，了解单片机，掌握其应用技术，具有划时代的意义。

单片机被广泛应用在测控系统、智能仪表、机电一体化产品等领域以及家用电器、玩具、游戏机、声像设备、电子秤、收银机、办公设备、厨房设备等智能民用产品中。单片机控制器的引入，不仅使产品的功能大大增强，性能得到提高，而且获得了良好的使用效果。

目前世界上生产单片机的厂商很多，我们就以目前最流行、应用最为广泛的 Intel 公司生产的 MCS-51 单片机为例来介绍单片机的基本知识。

任务一　了解 MCS-51 单片机的外部引脚

MCS-51 系列中各类型单片机的端子是相互兼容的，用 HMOS 工艺制造的单片机大多采用 40 端子双列直插（DIP）封装。当然，不同芯片之间的端子功能会略有差异，用户在使用时应当注意。

MCS-51 是高档 8 位单片机，但由于受到集成电路芯片引脚数目的限制，所以有许多引脚具有第二功能。MCS-51 的引脚和实物如图 1-1 所示。

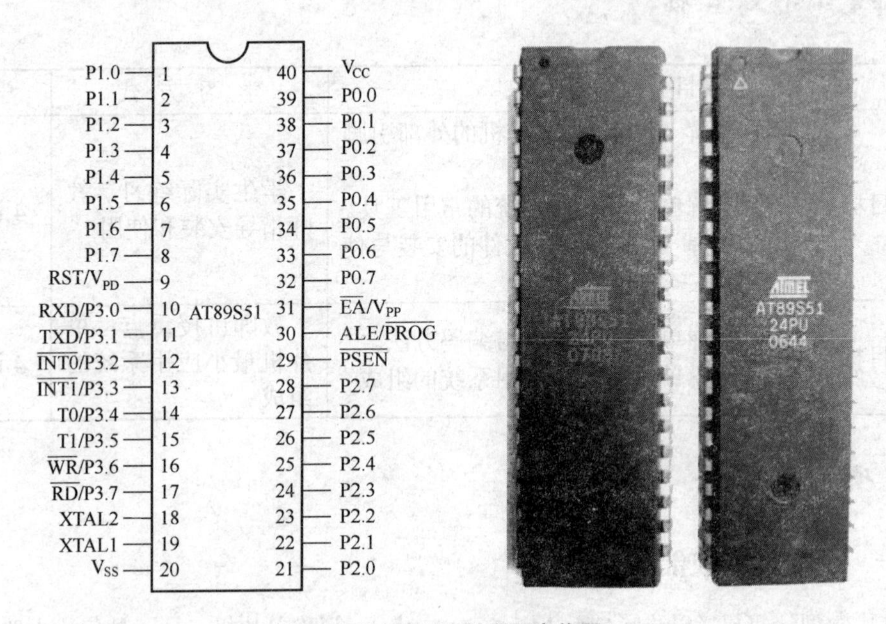

图 1-1　MCS-51 引脚和实物图

MCS-51 的 40 个引脚大致可以分为电源、时钟、I/O 口、控制总线等几个部分，各引脚功能如下。

（1）电源引脚：V_{CC} 和 V_{SS}

V_{CC}：电源输入端。作为工作电源和编程校验。

V_{SS}：接共用地端。

（2）时钟振荡电路引脚：XTAL1 和 XTAL2

在使用内部振荡电路时，XTAL1 和 XTAL2 用来外接石英晶体和微调电容，振荡频率为晶振频率，振荡信号送至内部时钟电路产生时钟脉冲信号；在使用外部时钟时，XTAL1 和 XTAL2 用于外接外部时钟源。

（3）控制信号引脚：RST/V_{PD}，ALE/$\overline{PROG}$，$\overline{PSEN}$ 和 $\overline{EA}/V_{PP}$

RST/ V_{PD}——RST 为复位信号输入端。当 RST 端保持两个机器周期以上的高电平时，单片机完成复位操作。V_{PD} 为内部 RAM 的备用电源输入端。当电源 V_{CC} 一旦断电或者电压降到一定值时，可以通过 V_{PD} 为单片机内部 RAM 提供电源，以保护片内 RAM 中的信息不丢失，且上电后能够继续正常运行。

ALE/$\overline{PROG}$——ALE 为地址锁存信号。当访问外部存储器时，ALE 作为低 8 位地址锁存信号。$\overline{PROG}$ 为 8751 内部 EPROM 编程时的编程脉冲输入端。

$\overline{PSEN}$——外部程序存储器的读选通信号，当访问外部 ROM 时，$\overline{PSEN}$ 产生负脉冲作为外部 ROM 的选通信号。

$\overline{EA}/V_{PP}$——$\overline{EA}$ 为访问程序存储器的控制信号。当 $\overline{EA}$ 为低电平时，CPU 对 ROM 的访问限定在外部程序存储器；当 $\overline{EA}$ 为高电平时，CPU 对 ROM 的访问从内部 0～4KB 地址开始，并可以自动延至外部超过 4KB 的程序存储器。V_{PP} 为 8751 内 EPROM 编程的 21V 电源输入端。

（4）I/O 口引脚：P0、P1、P2 和 P3

P0 口（P0.0～P0.7）——第一功能是作为 8 位的双向 I/O 口使用，第二功能是在访问外部存储器时，分时提供低 8 位地址和 8 位双向数据。在对 8751 片内 EPROM 进行编程和校验时，P0 口用于数据的输入和输出。

P1 口（P1.0～P1.7）——8 位准双向 I/O 口。

P2 口（P2.0～P2.7）——第一功能是作为 8 位的双向 I/O 口使用，第二功能是在访问外部存储器时，输出高 8 位地址 A8～A15。

P3 口（P3.0～P3.7）——第一功能是作为 8 位的双向 I/O 口使用，在系统中，这 8 个引脚又具有各自的第二功能，如表 1-1 所示。

表 1-1　　P3 口的第二功能

P3 口	第 二 功 能	功 能 含 义
P3.0	RXD	串行数据输入端
P3.1	TXD	串行数据输出端
P3.2	$\overline{INT0}$	外部中断 0 输入端
P3.3	$\overline{INT1}$	外部中断 1 输入端
P3.4	T0	定时/计数器 T0 的外部输入端
P3.5	T1	定时/计数器 T1 的外部输入端
P3.6	$\overline{WR}$	外部数据存储器写选通信号
P3.7	$\overline{RD}$	外部数据存储器读选通信号

任务二　了解单片机开发系统常用工具

1．单片机常用芯片

MCS-51 系列是 Intel 公司于 1980 年推出的 8 位高档单片机，典型产品有 8031（内部没有程序存储器，在实际使用方面已经被市场淘汰）、8051（芯片采用 HMOS，功耗是 630mW，是 89C51 的 5 倍，在实际使用方面已经被市场淘汰）和 8751 等通用产品，迄今为止，MCS-51 内核系列兼容的单片机仍是应用方面的主流产品。

ATMEL 公司生产的以 MCS-51 为内核的系列单片机，如 AT89C51、AT89S51 等，在原基础上增强了许多特性，如时钟，更先进的是以 Flash（程序存储器的内容至少可以改写 1000 次）存储器取代了原来的 ROM（一次性写入）存储器。尤其是 AT89S51 还支持 ISP（在线更新程序）功能，性能非常优越，成为市场占有率最大的产品。ATMEL 系列产品如表 1-2 所示。

表 1-2 ATMEL 系列单片机

型　　号	程序存储器	数据存储器	是否支持 ISP	最高频率	内部看门狗
AT89C51	4KB Flash	128B	否	24MHz	无
AT89C52	8KB Flash	256B	否	24MHz	无
AT89S51	4KB Flash	128B	是	33MHz	有
AT89S52	8KB Flash	256B	是	33MHz	有

所谓 ISP 在线编程功能，是指在改写单片机存储器内的程序时不需要把芯片从工作环境中剥离，而可以通过 ISP 下载线直接改写，是一个强大易用的功能。AT89C51 最致命的缺陷在于不支持 ISP 在线编程功能，因此 ATMEL 目前公司已经停止生产 AT89C51，将用 AT89S51 代替。AT89S51 在工艺上进行了改进，降低了成本，而且提升了功能。AT89SXX 可以向下兼容 AT89CXX 等 51 系列单片机。

2．单片机开发系统

单片机与通用计算机不同，通用计算机有完备的外围设备和丰富的软件支持，而单片机只是一种超大规模集成电路芯片，它本身缺乏自行开发和编程能力，所以应用单片机必须借助于开发工具来开发，直到单片机能够完成所需要的功能为止。也就是说，单片机开发的目的就是研制出一个目标机，使其在硬件和软件上都达到设计的要求。

单片机开发系统主要由主机、在线仿真器和通用编程器等组成，如图 1-2 所示。单片机开发系统包括通用型和专用型两种，通用型单片机开发系统配备有多种在线仿真头和相应的开发软件，使用时，只需更换系统中的仿真头，就能够开发相应的单片机系统或可编程器件；专用型开发系统只能仿真一种类型的单片机。

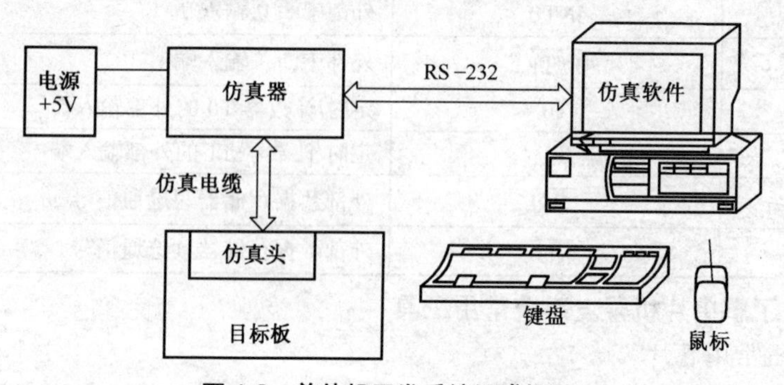

图 1-2 单片机开发系统组成框图

3．仿真器

仿真，就是借助开发系统的资源“真实”地模拟目标机中的ROM、RAM和I/O端口等，由软件和硬件联合来实现对目标机的综合调试。

仿真器是通过仿真软件的配合，用来模拟单片机运行并可以进行在线调试的工具。仿真器一端连接计算机，另一端通过仿真头连接单片机目标板，其中，计算机、仿真器和仿真头可以代替单片机在单片机目标板上演示出程序运行效果，具有直观性、实时性和调试效率高等优点。图1-3所示为常见的仿真器。

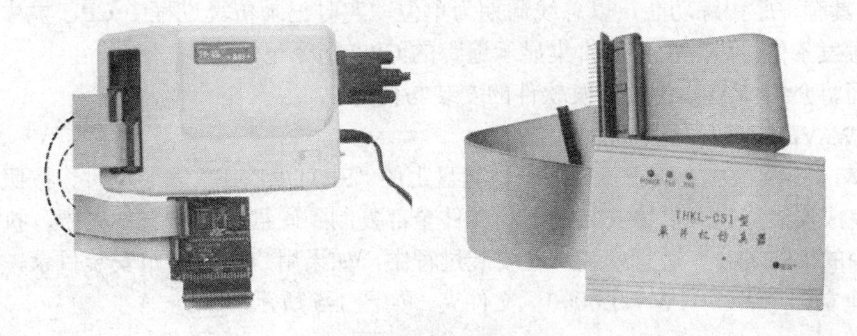

图1-3　常见的仿真器

仿真器大多价格昂贵。由于单片机一般都可以被反复烧写数千次，在个人学习单片机开发时，可以采用软件仿真，反复烧写、实验以达到调试的目的。

4．编程器

程序编写完，经调试无误后，就可以编译成十六进制或二进制机器代码，烧写入单片机的程序存储器中，以便单片机在目标电路板上运行。将十六进制或二进制机器代码烧写入单片机程序存储器中的设备称为编程器（俗称烧写器）。图1-4所示为常见的编程器。

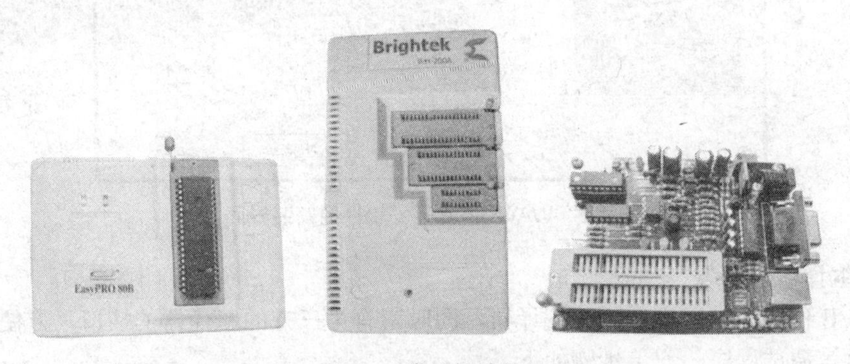

图1-4　常见的编程器

任务三　WAVE仿真开发软件的安装与使用

WAVE是一种单片机仿真开发软件，其突出特点包括以下几点。

① 采用Windows版本，界面友好、统一。

② 提供了全集成化开发环境，集编辑、编译、下载、调试于一体。

③ 具有项目管理功能，为用户的资源共享、课题重组提供强有力的手段。

④ 具有功能强大的编辑器，并支持 ASM、C 语言混合编程。

⑤ 具有丰富的窗口显示方式，能多方位、动态地显示仿真的各种过程。

⑥ 双工作模式：软件模拟仿真（没有仿真器的条件下也能模拟仿真）和硬件仿真。

⑦ 具有逻辑分析仪综合调试功能，可以通过交互式软件菜单窗口对系统硬件的逻辑或时序进行同步实时采样，并能实时在线调试分析。

⑧ 具有程序跟踪功能，以总线周期为单位，实时记录仿真过程中 CPU 发生的总线事件及触发条件。跟踪窗口可收集显示追踪的 CPU 指令记忆信息。

下面将介绍 WAVE 仿真开发软件的安装与使用。

1. WAVE 仿真开发软件的安装

在 Windows 操作系统下，直接运行光盘上的“SETUP.EXE”安装文件，按照软件提示即可完成安装。也可以将安装盘上的文件全部复制到硬盘的一个文件夹中，执行相应文件夹中的“SETUP”进行安装。在安装过程中，如果用户没有指定安装目录，程序会在 C 盘建立一个“C：\ WAVE6000”文件夹，如图 1-5 所示。

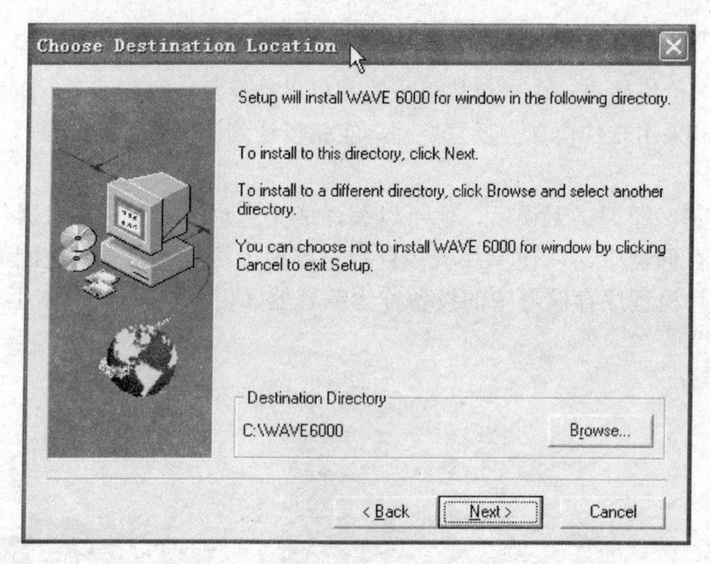

图 1-5　WAVE 仿真开发软件的安装界面

2. 编译器的安装

WAVE 仿真系统已内嵌汇编编译器，同时留有第三方的编译器的接口，方便用户使用高级语言调试程序。安装步骤如下。

① 进入 C 盘，建立 C：\COMP51 文件夹。

② 将第三方的 51 编译器复制到 C:\COMP51 文件夹下。

③ 在“主菜单→仿真器→仿真器设置→语言”对话框的“编译器路径”指定“C:\COMP51”。

④ 如果用户将第三方编译器安装在硬盘的其他位置，需要在“编译器路径”中指明

其位置。例如："C:\KEIL\C51\"。

3．WAVE 仿真开发软件的使用

（1）WAVE 软件的界面

WAVE 与其他 Windows 应用程序一样，有一个基本界面，包括标题栏、菜单栏、工具栏、状态栏以及项目窗口、编辑窗口和信息窗口，如图 1-6 所示。

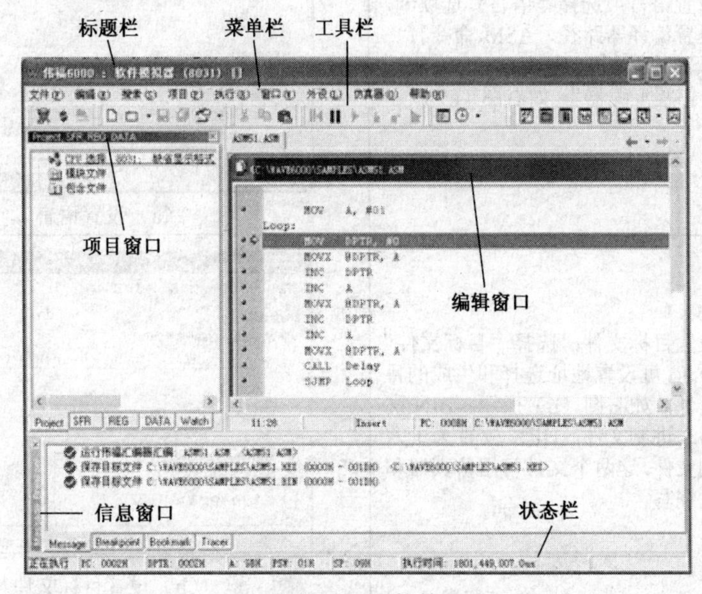

图 1-6　WAVE 软件界面

① 项目窗口：可以对项目进行管理。通过项目窗口可以进行建立项目、设置项目、添加源程序到项目、编译项目等操作。

② 信息窗口：显示系统编译输出的信息。如果程序出错（错误、警告），会以图标形式指出；如果程序通过，在编译信息行，会生成相关文件。

③ CPU 窗口：给出机器码及反汇编程序，使用户清楚地了解程序执行过程。

④ 数据窗口：51 系列有以下 4 种数据窗口。

a．DATA 内部数据窗口：显示 CPU 内部的数据值。

b．CODE 程序数据窗口：显示编译后的程序码。

c．XDATA 外部数据窗口：通过该窗口可以观察程序运行过程中数据单元中的内容。

d．PDATA 外部数据窗口：（页方式）。

WAVE 软件的窗口比较多，用户可以参见软件的详细说明书，根据不同的需要进行选择。

（2）WAVE 软件的使用

① 联机。将单片机实验机与 PC 通过串行口连接，开机进入 WAVE 调试软件。

② 设置仿真器。点击【仿真器】→【仿真器设置】，打开仿真器设置对话框，设置仿真器的步骤如表 1-3 所示。

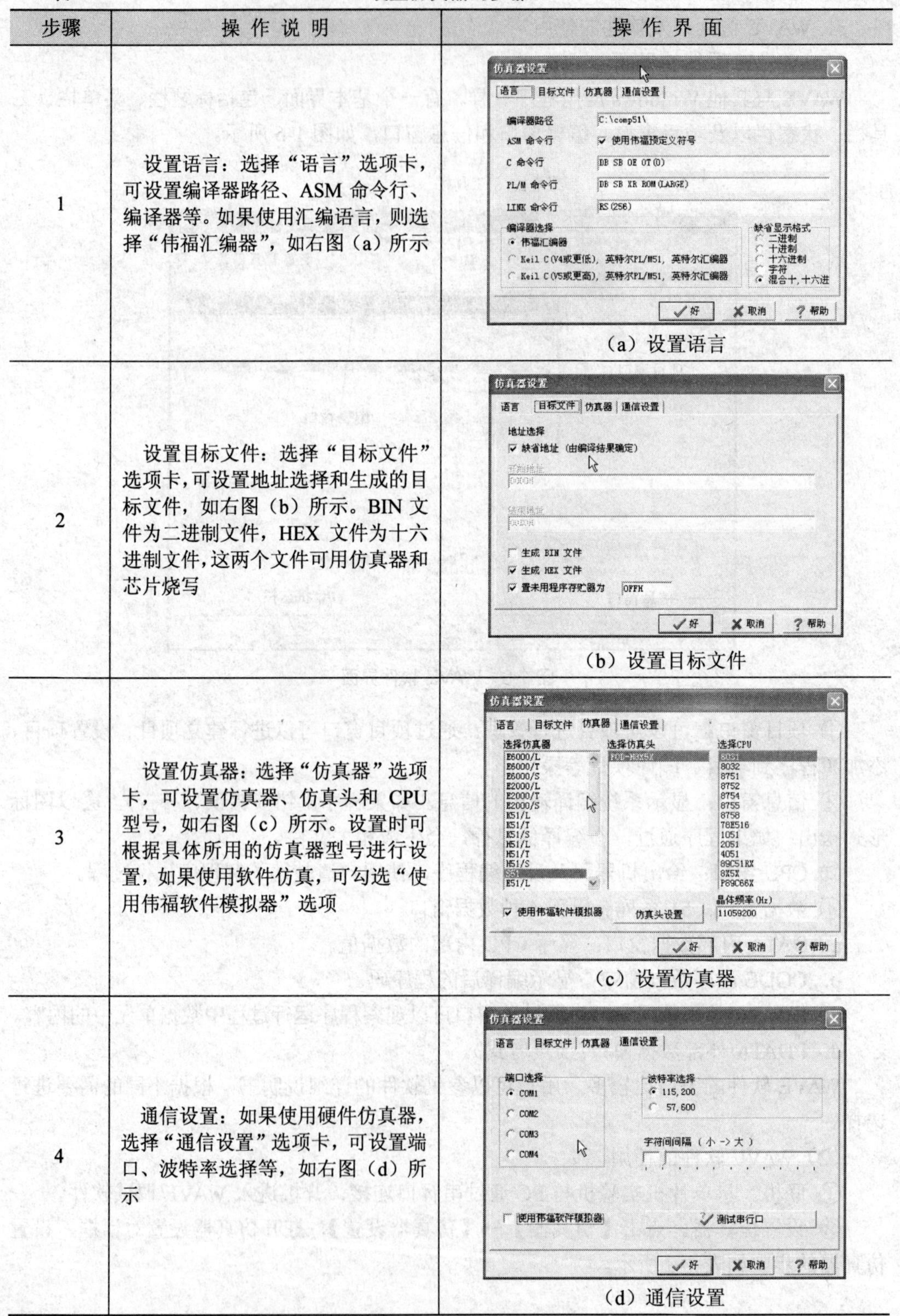

表 1-3 设置仿真器的步骤

步骤	操作说明	操作界面
1	设置语言：选择“语言”选项卡，可设置编译器路径、ASM 命令行、编译器等。如果使用汇编语言，则选择“伟福汇编器”，如右图（a）所示	（a）设置语言
2	设置目标文件：选择“目标文件”选项卡，可设置地址选择和生成的目标文件，如右图（b）所示。BIN 文件为二进制文件，HEX 文件为十六进制文件，这两个文件可用仿真器和芯片烧写	（b）设置目标文件
3	设置仿真器：选择“仿真器”选项卡，可设置仿真器、仿真头和 CPU 型号，如右图（c）所示。设置时可根据具体所用的仿真器型号进行设置，如果使用软件仿真，可勾选“使用伟福软件模拟器”选项	（c）设置仿真器
4	通信设置：如果使用硬件仿真器，选择“通信设置”选项卡，可设置端口、波特率选择等，如右图（d）所示	（d）通信设置

③ 编辑源程序。用【New】命令新建一个文件，将源程序输入，用【Save】或者【Save as】命令保存在磁盘中（扩展名为.asm）。

④ 汇编。进入菜单【项目】→【编译】命令，对程序进行编译。

⑤ 调试运行程序。

a．设置要调试的程序区间。

b．设置/清除断点。

c．单步运行。

d．跟踪运行。

e．全速运行。

⑥ 检查运行结果

a．查看 REG 窗口或者 SFR 窗口，如图 1-7 所示。

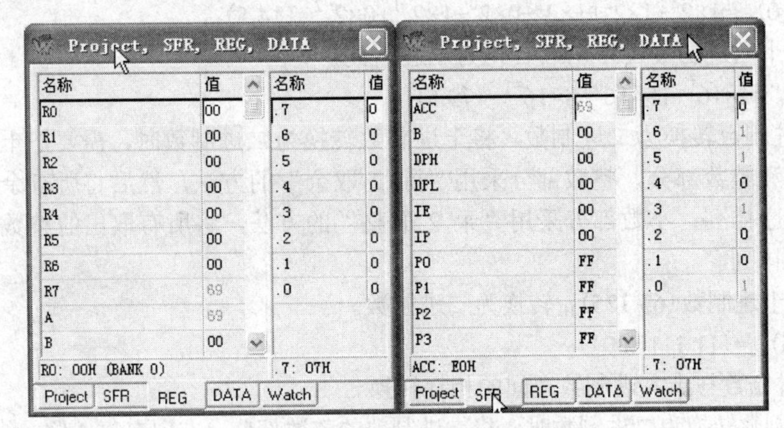

图 1-7　REG 窗口和 SFR 窗口

b．利用动态观察窗口“WATCH”观察运行情况。

二、项目基本知识

知识点一　数制与编码

1．数制

所谓数制就是计数的方式。日常生活中，十进制数是常用的计数方式，而计算机内部是通过电位的高低来表示数码 0 和 1 的，所以计算机只能使用二进制计数方式。但是由于二进制数码冗长，且书写和阅读都不方便，因而在编写程序以及向计算机输入数据时，仍然采用十进制或十六进制数，由计算机将其转换为二进制数后进行处理，处理结果再转换成十进制数输出。因此在学习计算机时，需要熟悉并掌握各种数制及其相互之间的转换。

（1）十进制数（Decimal Number）

十进制数采用 0、1、2、3、4、5、6、7、8、9 十个不同的数码来表示任何一位数，遵循“逢十进一”的进位规律。用 D 表示十进制数。

例：$(952.81)_{10}=9\times10^2+5\times10^1+2\times10^0+8\times10^{-1}+1\times10^{-2}$。

（2）二进制数（Binary Number）

二进制数用两个数码 0 和 1 表示，遵循“逢二进一”的进位规律。用 B 表示二进制数。

例：$(110.10)_2=1\times2^2+1\times2^1+0\times2^0+1\times2^{-1}+0\times2^{-2}$。

（3）十六进制数（Hexa decimal Number）

十六进制数有 0、1、2、3、4、5、6、7、8、9、A、B、C、D、E、F 共十六个数码，基数为 16，遵循“逢十六进一”的进位规律。用 H 表示十六进制数。

例：$(4BD)_{16}=4\times16^2+B\times16^1+D\times16^0=4\times16^2+11\times16^1+13\times16^0$。

（4）数制之间的相互转换

① 二进制数、十六进制数转换为十进制数，只需将二进制数、十六进制数按权展开，写成多项式的形式，再把每一项的值相加即可。

例：将二进制数$(1110.10)_2$转化为十进制数。

$(1110.10)_2=1\times2^3+1\times2^2+1\times2^1+0\times2^0+1\times2^{-1}+0\times2^{-2}=(14.5)_{10}$

例：将十六进制数（$4F.8)_{16}$转化为十进制数。

$(4F.8)_{16}=4\times16^1+15\times16^0+8\times16^{-1}=(79.5)_{10}$

② 十进制数转换为二进制数。将十进制数转换为二进制数时，需要把十进制数分为小数部分和整数部分，整数部分采用“除 2 取余”的方法，然后将所有余数按照从后到前的顺序排列；小数部分采用“乘 2 取整”的方法，将所有取出的整数按照从前到后的顺序排列。

例：将十进制数$(63.125)_{10}$转换为二进制数。

$(63.125)_{10}=(11\ 1111.001)_2$

③ 二进制数与十六进制数之间的相互转换。

十六进制数转换为二进制数时，将二进制数的整数部分自右向左每 4 位一组，不足 4 位的在左面用零补足；小数部分自左向右每 4 位一组，不足 4 位在右面补零。反之，将十六进制数转换为二进制数时，只需把每一位十六进制数写成对应的 4 位二进制数即可。

例：将二进制数$(110\ 1101\ 1001\ 1011)_2$转换为十六进制数。

$(110110110011011)_2=(6D9B)_{16}$

例：将十六进制数$(3E8)_{16}$转换成二进制数。

$(3E8)_{16}=(11\ 1110\ 1000)_2$

2．计算机中的数据编码

（1）带符号数的编码表示

计算机中，常常需要表示正数和负数，那么，如何表示数据的符号位？如何表示带符号的数？下面将介绍带符号数的表示方法。

在计算机中，对于带符号数来说，一般用最高位表示数的正负。对于正数，最高位规定为“0”；对于负数，最高位为“1”。例如：D1=57H，D2=−57H，在计算机中分别表示为：

D1=0 1010111，D2=1 1010111。

这种将高位定义为符号位的二进制数称为带符号的二进制数，又称为机器数，原来的数称为真值。对于带符号的二进制数有以下 3 种表示方法。

① 原码。所谓原码，就是将真值的正负符号，分别按照规定用“1”和“0”代替，数值部分和真值完全相同。

② 反码。反码与原码的关系是：正数的反码与原码相同；负数的反码是原码的符号位数不变，其余各位按位取反。

如：$[56H]_{反}=[56H]_{原}$=0 1010110B；−56H 的原码为 1 1010110，则−56H 的反码为 1 0101001。

③ 补码。在计算机中，带符号数并不是用原码或反码表示，而是用补码表示，引入原码、反码的目的只是为了方便理解补码概念。补码的定义为：正数的补码与原码相同，负数的补码等于它的反码加 1。如−23H 的反码为 1 1011100，它的补码为 1 1011101。

（2）英文字符的表示——ASCII 码

计算机内部的数据均采用二进制代码表示，但通过输入设备（如键盘）输入的信息和通过输出设备（如显示器、打印机）输出的信息既有字母、数字，又有汉字及各种控制字符。为了便于计算机系统和操作者之间的信息交换，需要将数字、字母及各种符号进行统一编码。

目前，在计算机中普遍采用“美国信息交换标准代码”（American Standard Code for Information Interchange），简称 ASCII 码。

（3）BCD 码（Binary Coded Decimal）

计算机系统中，各种数据都要转换为二进制数码才能进行处理，但考虑到人们习惯于使用十进制数，因此在计算机的输入、输出端仍然采用十进制数，这就是 BCD 码，它是用 4 位二进制代码来分别表示十进制数中的 10（0～9）个数码，全称为二—十进制编码，简称为 BCD 码。表 1-4 列出了 BCD 码与十进制数之间的编码关系。

表 1-4　十进制数与 BCD 码之间的编码关系

十 进 制 数	8421 BCD 码	十 进 制 数	8421 BCD 码
0	0000	5	0101
1	0001	6	0110
2	0010	7	0111
3	0011	8	1000
4	0100	9	1001

注：在 BCD 码中，不使用 1010（0AH）～1111（0FH）。

知识点二　单片机最小应用系统简介

由于 AT89CXX 和 AT89SXX 系列单片机内部有 ROM/EPROM，构成最小应用系统时，只需要 3 个条件：一是电源，二是时钟，三是复位。单片机最小应用系统如图 1-8 所示。由于不需要外扩程序存储器，$\overline{EA}$ 接高电平。P0 口、P1 口、P2 口、P3 口均可作 I/O 口用。

单片机最小应用系统结构简单、体积小、功耗低、成本低，在简单的应用系统中得以广泛应用。但在具体的应用系统中，最小应用系统往往不能满足要求，须扩展相应的外围芯片以满足实际系统的要求。

1．电源电路

任何电路都离不开电源部分，单片机系统也不例外，使用时应该高度重视电源部分，不能因为电源部分的电路比较简单而有所忽视。其实有将近一半的故障或制作失败都和电源有关，做好电源部分才能保证电路的正常工作。单片机系统电源电路如图 1-9 所示，LED1 是电源指示灯，可以根据这个 LED1 来判断整个电源部分是否工作正常。

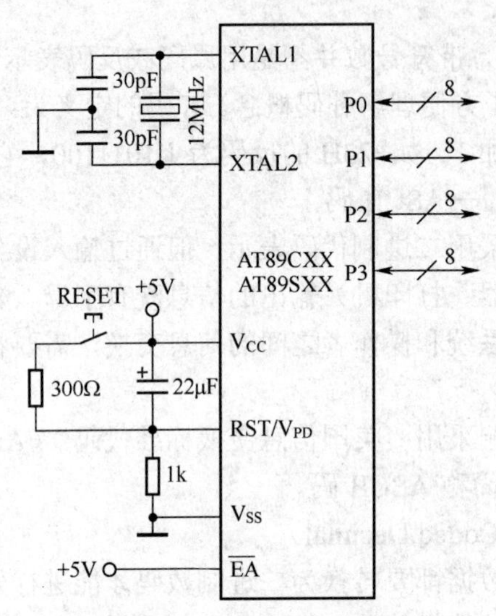

图 1-8　单片机最小应用系统

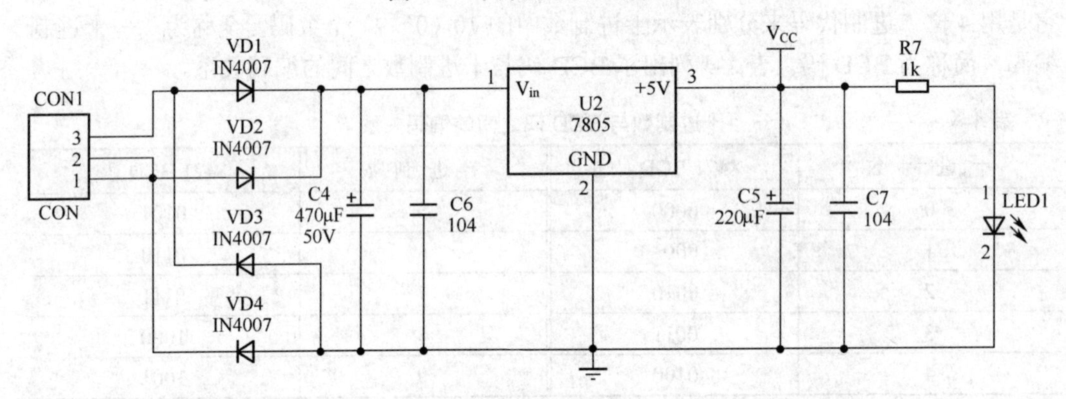

图 1-9　单片机系统电源电路

2．时钟与复位电路

（1）时钟电路

单片机内部每个部件要想协调一致地工作，必须在时钟信号的控制下进行。单片机内部有一个用于构成振荡器的高增益放大器，引脚 XTAL1 和 XTAL2 分别是此放大器的输入端和输出端，所以只需在片外接一个晶振便可构成自激振荡器，为系统提供时钟，如图 1-10 所示。

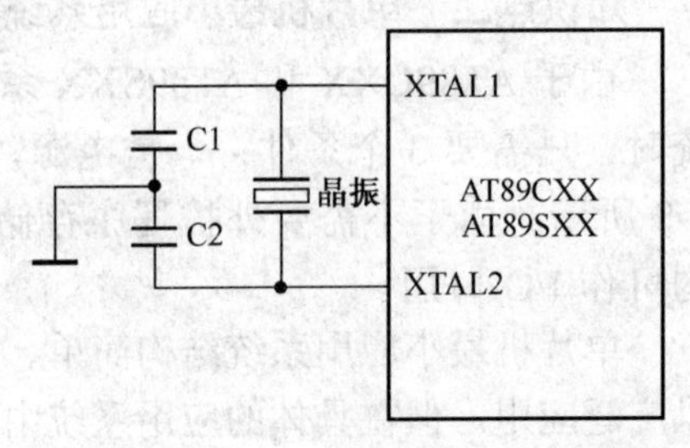

图 1-10　MCS-51 单片机的时钟电路

时钟电路中的电容一般取30pF左右，晶体的振荡频率范围是1.2～24MHz，在通常情况下MCS-51单片机使用的振荡频率为6MHz或12MHz，在通信系统中则常用11.0592MHz。

（2）复位电路

使单片机内各寄存器的值变为初始状态的操作称为复位。复位后单片机会从程序的第一条指令运行，避免出现混乱。

单片机复位的条件是：必须使RST（⑨脚）端加上持续两个机器周期的高电平。复位包括上电复位和手动复位，如图1-11所示。上电复位是在上电瞬间，RST端和V_{CC}端电位相同，随着电容的充电，电容两端电压逐渐上升，RST端电压逐渐下降，完成复位。手动复位是在运行中，按下RESET键，RST端为高电平，当松开RESET键时，RST端变为低电平，完成复位。

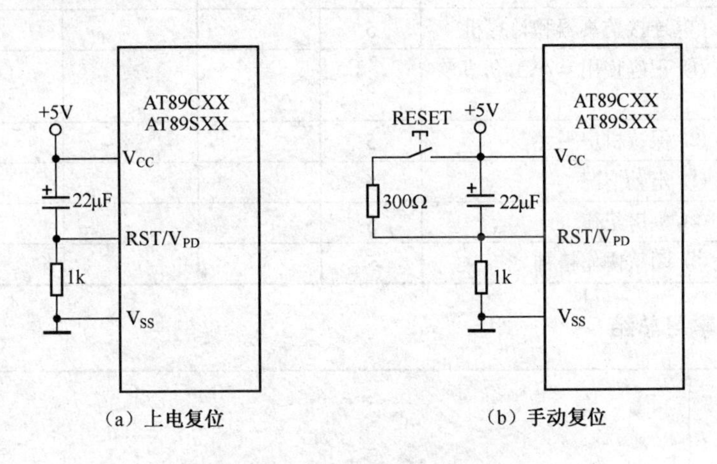

图1-11　上电复位和手动复位

项目学习评价

一、学习和思考题

① $\overline{EA}/V_{PP}$ 引脚有何作用？8031的引脚应当如何处理？为什么？

② AT89S51单片机的引脚ALE和$\overline{PSEN}$的功能各是什么？

③ MCS-51单片机有几个I/O口？各I/O口都有什么特性？

④ 将下列十进制数转换为二进制数、十六进制数。

（1）64；（2）256；（3）35.05；（4）124.625

⑤ 用8位二进制数分别写出下列十进制数的原码、反码和补码。

（1）−12；（2）+45；（3）+0；（4）−0

⑥ 什么是单片机的最小应用系统？

二、自我评价、小组评价及教师评价

评价项目	项目评价内容	分值	自我评价	小组评价	教师评价	得分
理论知识	① MCS-51 单片机的外部引脚及其功能	15				
	② 了解单片机开发系统的常用工具	15				
	③ 掌握单片机中的数制与编码方法	15				
	④ 熟悉单片机最小应用系统的组成	15				
实操技能	① WAVE 仿真软件的安装与使用	10				
	② 连接仿真器和计算机	5				
安全文明生产	① 正确使用 WAVE 仿真软件	5				
	② 保持机房卫生	5				
学习态度	① 出勤情况	5				
	② 机房纪律	5				
	③ 团队协作精神	5				

三、个人学习总结

成功之处	
不足之处	
改进方法	

项目二　单片机输出控制电路的制作

项目情境创设

每当晚上走在大街上时，到处都是光彩夺目、变幻无穷的霓虹灯，非常好看，今天我们就来学习广告灯电路的制作。

项目学习目标

项目学习目标		学 习 方 式	学　时
技能目标	① 掌握广告灯电路的制作。 ② 掌握音频控制电路的制作。 ③ 掌握继电器控制电路的制作。 ④ 掌握相应电路的程序编写	学生实际制作；教师指导调试和维修	8 课时
知识目标	① 掌握常用的单片机的输出接口的电路形式及应用。 ② 掌握 MCS-51 单片机的内部硬件资源。 ③ 理解并运用相关指令	教师讲授重点：掌握单片机 I/O 的使用	6 课时

项目基本功

一、项目基本技能

任务一　广告灯电路的制作

任务要求：单片机的 I/O 口作输出口，接 8 个 LED 发光二极管，通过编程实现发光二极管的点亮、闪烁和流水灯效果。

1．硬件电路制作

（1）电路原理图

根据任务要求，绘出的广告灯电路如图 2-1 所示。P1 口作输出口，采用低电平驱动方式。

（2）元件清单

广告灯电路元件清单如表 2-1 所示。

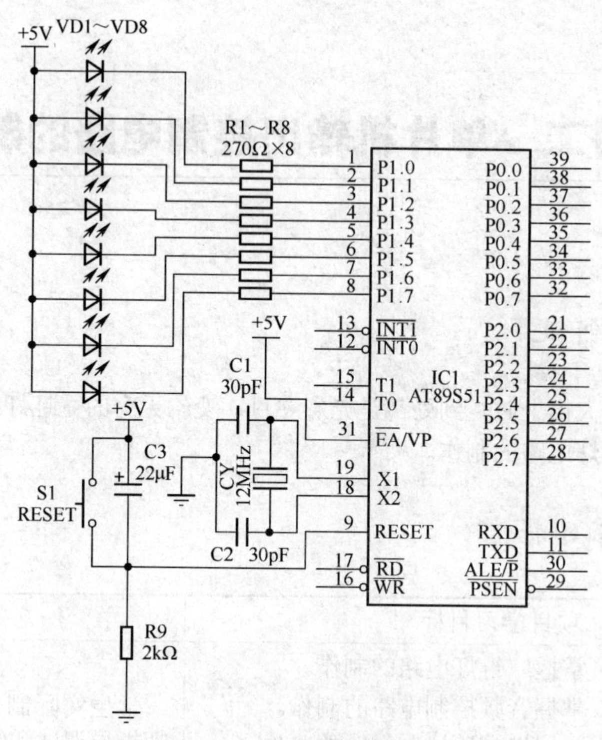

图 2-1　广告灯电路

表 2-1　广告灯电路元件清单

代　号	名　称	实 物 图	规　格
R1～R8	电阻		270Ω
R9	电阻		2kΩ
VD1～VD8	发光二极管		红色 ϕ5
C1、C2	瓷介电容		30pF
C3	电解电容		22μF
S1	轻触按键		
CY	晶振		12MHz
IC1	单片机		AT89S51
	IC 插座		40 脚

(3) 电路制作步骤

对于简单电路，可以在万能实验板上进行电路的插装焊接。制作步骤如下。

① 按图 2-1 所示电路原理图在万能实验板中绘制电路元器件排列布局图；

② 按布局图依次进行元器件的排列、插装；

③ 按焊接工艺要求对元器件进行焊接，背面用 ϕ0.5～1mm 镀锡裸铜线连接，直到所有的元器件连接并焊完为止。

广告灯电路装接图如图 2-2 所示。

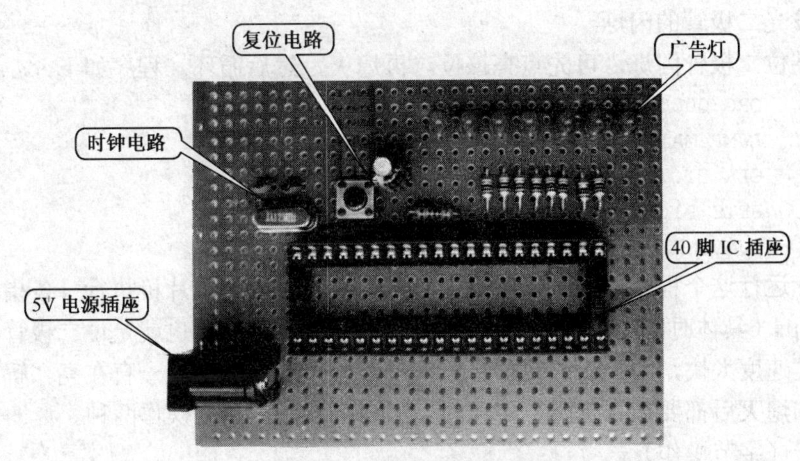

图 2-2 广告灯电路装接图

注意：单片机绝对不能直接焊接在电路板上，应先焊接一个 40 脚的 IC 插座，等将程序编写调试完成并烧写入单片机中后，再插入电路板。

(4) 电路的调试

通电之前，先用万用表检查各种电源线与地线之间是否有短路现象。

然后给硬件系统加电，检查所有插座或器件的电源端是否有符合要求的电压值、接地端电压是否为 0V。

在不插上单片机时，模拟单片机输出低电平，检查相应的外部电路是否正常。方法是：用一根导线将低电平（接地端）分别引到 P1.0 到 P1.7 相对应的集成电路插座的管脚上，观察相应的发光二极管是否正常发光。

2．程序编写

(1) 发光二极管的点亮

欲点亮某只二极管，只需使与之相连的口线输出低电平即可。点亮从高位到低位的第 1、3、5、7 只二极管，实现的方法有字节操作和位操作两种。

方法一（字节操作）：

```
         ORG 0000H             ;复位入口地址
         LJMP MAIN             ;转移到主程序 MAIN
MAIN:    MOV P1,#55H           ;将立即数 55H（即二进制数 01010101B）送到 P1 口
         LJMP MAIN             ;循环执行主程序
```

方法二（位操作）：

```
        ORG 0000H           ;复位入口地址
        LJMP MAIN           ;转移到主程序 MAIN
MAIN:   MOV P1,#0FFH        ;熄灭所有的灯（该句可省略，因复位后为 0FFH）
        CLR P1.7            ;点亮第 1 位
        CLR P1.5            ;点亮第 3 位
        CLR P1.3            ;点亮第 5 位
        CLR P1.1            ;点亮第 7 位
        LJMP MAIN           ;循环执行主程序
```

（2）发光二极管的闪烁

欲使某位二极管闪烁，可先点亮该位，再熄灭，然后循环。程序如下：

```
        ORG 0000H           ;复位入口地址
        LJMP MAIN           ;转移到主程序 MAIN
MAIN:   CLR P1.7            ;点亮第 1 位
        SETB P1.7           ;熄灭第 1 位
        LJMP MAIN           ;循环执行主程序
```

但实际运行这个程序后，发现第 1 位一直在亮，原因是单片机执行一条指令速度很快，大约 1μs（具体时间和时钟与具体指令的指令周期有关）。也就是说二极管确实在闪烁，只不过速度太快，由于人的视觉暂留现象，主观感觉二极管一直在亮。解决的办法是在点亮和熄灭后都要加入延时。实现的方法有字节操作和位操作两种。

方法一（字节操作）：

```
        ORG 0000H           ;复位入口地址
        LJMP MAIN           ;转移到主程序 MAIN
MAIN:   MOV P1,#7FH         ;点亮第 1 位
        LCALL DELAY         ;调延时子程序
        MOV P1,#0FFH        ;熄灭第 1 位
        LCALL DELAY         ;调延时子程序
        LJMP MAIN           ;循环执行主程序
DELAY:  MOV R0,#0FFH        ;延时子程序
LOOP2:  MOV R1,#0FFH
LOOP1:  DJNZ R1,LOOP1
        DJNZ R0,LOOP2
        RET
```

方法二（位操作）：

```
        ORG 0000H           ;复位入口地址
        LJMP MAIN           ;转移到主程序 MAIN
MAIN:   CPL P1.7            ;P1.7 取反
        LCALL DELAY         ;调延时子程序
        LJMP MAIN           ;循环执行主程序
DELAY:  MOV R0,#0FFH        ;延时子程序
LOOP2:  MOV R1,#0FFH
LOOP1:  DJNZ R1,LOOP1
        DJNZ R0,LOOP2
        RET
```

（3）流水灯效果

实现该效果的方法是轮流点亮每个发光二极管，在延时后熄灭。按字节操作的程序如下（请读者编写按位操作的程序）：

```
        ORG 0000H       ;复位入口地址
        LJMP MAIN       ;转移到主程序 MAIN
MAIN:   MOV P1,#7FH     ;点亮第 1 位
        LCALL DELAY     ;调延时子程序
        MOV P1,#0BFH    ;点亮第 2 位
        LCALL DELAY     ;调延时子程序
        MOV P1,#0DFH    ;点亮第 3 位
        LCALL DELAY     ;调延时子程序
        MOV P1,#0EFH    ;点亮第 4 位
        LCALL DELAY     ;调延时子程序
        MOV P1,#0F7H    ;点亮第 5 位
        LCALL DELAY     ;调延时子程序
        MOV P1,#0FBH    ;点亮第 6 位
        LCALL DELAY     ;调延时子程序
        MOV P1,#0FDH    ;点亮第 7 位
        LCALL DELAY     ;调延时子程序
        MOV P1,#0FEH    ;点亮第 8 位
        LCALL DELAY     ;调延时子程序
        LJMP MAIN       ;循环执行主程序
DELAY:  MOV R0,#0FFH    ;延时子程序
LOOP2:  MOV R1,#0FFH
LOOP1:  DJNZ R1,LOOP1
        DJNZ R0,LOOP2
        RET
```

这个程序清晰易懂，但过于冗长。下面我们使用循环移位指令来实现同样的效果，大大缩短了程序长度。

```
        ORG 0000H       ;复位入口地址
        LJMP START      ;转移到程序初始化部分 START
START:  MOV A,#7FH      ;初始化 A 值，使最高位为“0”
MAIN:   MOV P1,A        ;A 值送 P1 口
        LCALL DELAY     ;调延时子程序
        RR A            ;循环右移
        LJMP MAIN       ;循环执行主程序
DELAY:  MOV R0,#0FFH    ;延时子程序
LOOP2:  MOV R1,#0FFH
LOOP1:  DJNZ R1,LOOP1
        DJNZ R0,LOOP2
        RET
```

读者可以将循环右移指令改为循环左移指令并观察其运行效果。

任务二　音频控制电路的制作

任务要求：单片机的 P1.0 驱动扬声器发出不同频率、不同长短的声音。

1. 硬件电路制作

（1）电路原理图

根据任务要求，音频控制电路如图 2-3 所示。P1.0 输出的方波经放大滤波后，驱动扬声器发声。但要想听到该声音，则要求方波的频率在 20Hz～20kHz。

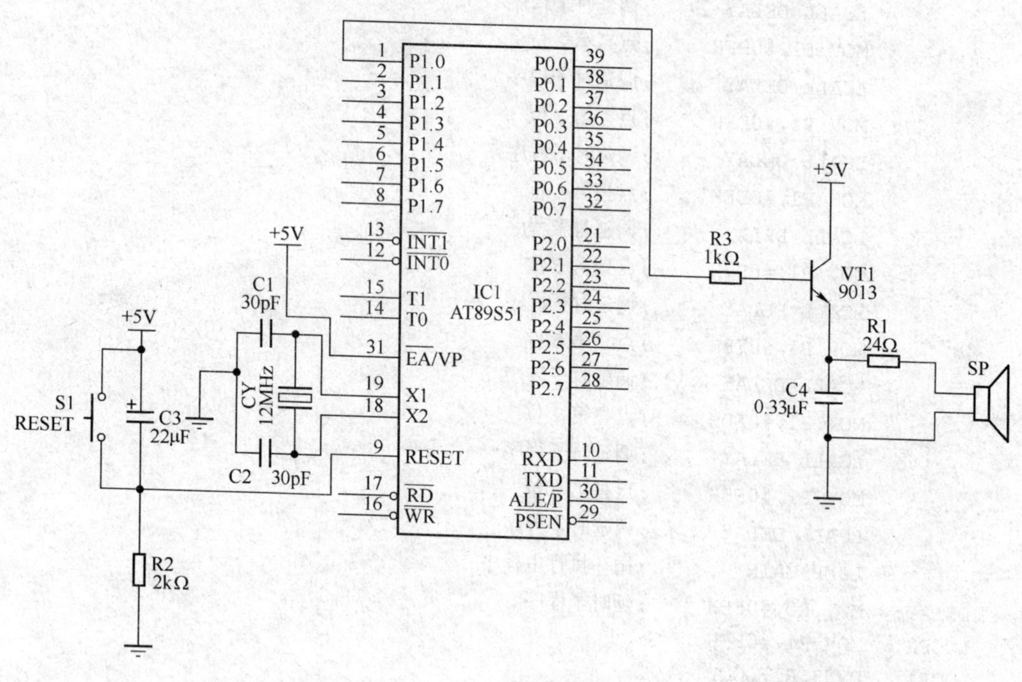

图 2-3　音频控制电路

（2）元器件清单

音频控制电路元器件清单如表 2-2 所示。

表 2-2　音频控制电路元器件清单

代　号	名　称	实 物 图	规　格
R1	电阻		24Ω
R2	电阻		2kΩ
R3	电阻		1kΩ
C1、C2	瓷介电容		30pF
C4	瓷介电容		0.33μF
C3	电解电容		22μF
S1	轻触按键		
CY	晶振		12MHz
IC1	单片机		AT89S51

续表

代　号	名　称	实 物 图	规　格
	IC 插座		40 脚
VT1	三极管		9013
SP	扬声器		8Ω/0.5W

（3）电路制作

音频控制电路装接图如图 2-4 所示。

（4）电路的调试

通电之前先用万用表检查各种电源线与地线之间是否有短路现象。

给硬件系统加电，检查所有插座或器件的电源端是否有符合要求的电压值，接地端电压是否为 0V。不插入单片机，用一根导线，导线的一端接+5V 电源，另一端碰触 IC 插座的 1 脚，听扬声器是否发出“咔咔”声。

图 2-4　音频控制电路装接图

2．程序编写

（1）单频率声音

```
        ORG 0000H           ;复位入口地址
        LJMP MAIN           ;转移到主程序 MAIN
MAIN:   CPL P1.0            ;P1.0 取反
        LCALL DELAY         ;调延时子程序
        LJMP MAIN           ;循环执行主程序
DELAY:  MOV R0,#07H         ;延时子程序
LOOP2:  MOV R1,#1FH
LOOP1:  DJNZ R1,LOOP1
        DJNZ R0,LOOP2
        RET
```

请读者修改延时时间，听音调的变化。

（2）双音报警声

本程序可模拟出非常急促的双音报警声。

```
        ORG 0000H
        LJMP MAIN
MAIN:   MOV R0,#0FFH
LOOP1:  CPL P1.0
        LCALL DELAY1
        DJNZ R0,LOOP1
        MOV R0,#0FFH
LOOP2:  CPL P1.0
```

```
          LCALL DELAY2
          DJNZ R0,LOOP2
          LJMP MAIN
DELAY1:   MOV R6,#07H
D1:       MOV R7,#20H
          DJNZ R7,$
          DJNZ R6,D1
          RET
DELAY2:   MOV R4,#07H
D2:       MOV R5,#50H
          DJNZ R5,$
          DJNZ R4,D2
          RET
```

本程序全部使用软件延时的方法实现，等读者学完定时器后可以使用定时器实现同样的效果。另外，延时程序延时的长短跟系统使用的晶振频率有关，请注意修改相关数值。

任务三　继电器控制电路的制作

任务要求：单片机的 P1.0 使继电器吸合和释放。

1．硬件电路制作

（1）电路原理图

继电器控制电路如图 2-5 所示。当 P1.0 输出高电平时，继电器吸合，LED 同时点亮；当 P1.0 输出低电平时，继电器释放，LED 同时熄灭。

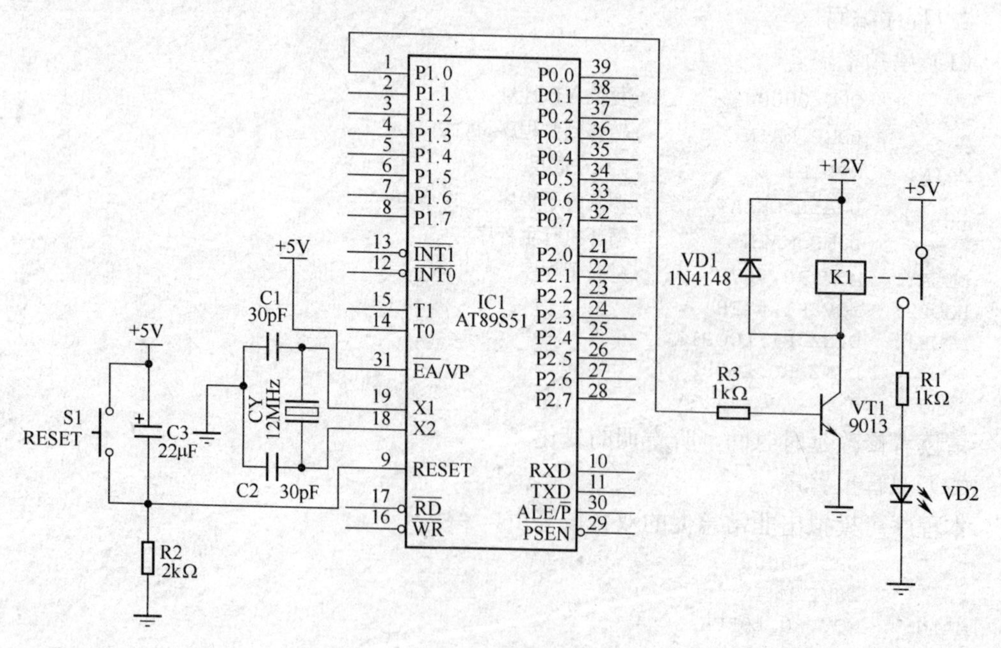

图 2-5　继电器控制电路

（2）元器件清单

继电器控制电路元器件清单如表 2-3 所示。

表 2-3 继电器控制电路元器件清单

代 号	名 称	实 物 图	规 格
R1	电阻		1kΩ
R2	电阻		2kΩ
R3	电阻		1kΩ
C1、C2	瓷介电容		30pF
C3	电解电容		22μF
S1	轻触按键		
CY	晶振		12MHz
IC1	单片机		AT89S51
	IC 插座		40 脚
VT1	三极管		9013
VD1	开关二极管		1N4148
VD2	发光二极管		红色 $\phi5$
K1	继电器		12V

继电器引脚图如图 2-6 所示。

（3）电路制作

继电器控制电路装接图如图 2-7 所示。

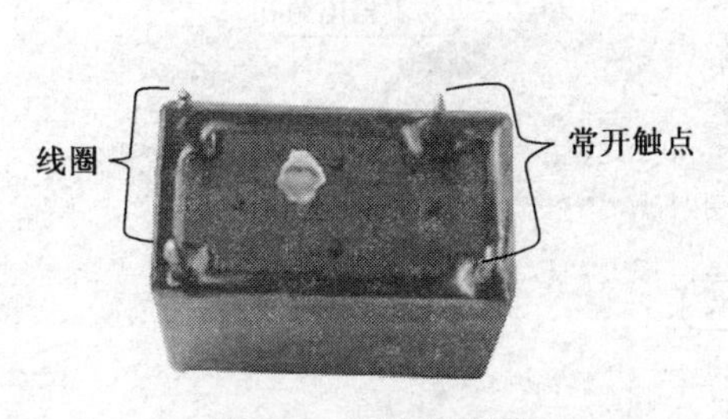

图 2-6 继电器引脚图

图 2-7 继电器控制电路装接图

注意：继电器所需电源为 12V，需另外接。

（4）电路的调试

通电之前先用万用表检查各种电源线与地线之间是否有短路现象。

然后给硬件系统加电，检查所有插座或器件的电源端是否有符合要求的电压值，接地端电压是否为 0V。不插入单片机，用一根导线，导线的一端接+5V 电源，另一端碰触 IC 插座的 1 脚，听继电器是否有吸合声。

2．程序编写

实现继电器周期性的吸合和释放的程序如下：

```
        ORG 0000H              ;复位入口地址
        LJMP MAIN              ;转移到主程序 MAIN
MAIN:   CPL P1.0               ;P1.0 取反，继电器交替吸合和释放
        LCALL DELAY            ;调延时子程序
        LJMP MAIN              ;循环执行主程序
DELAY:  MOV R0,#0FFH           ;延时子程序
LOOP2:  MOV R1,#0FFH
LOOP1:  DJNZ R1,LOOP1
        DJNZ R0,LOOP2
        RET
```

任务四　程序调试

任何程序很难做到一次书写成功，一般都需要反复的调试和修改才能实现应有的功能。

程序调试的实现方法有多种，比如，可以使用编程器把编译后的程序烧写入单片机，然后插在目标电路板上，看其能否实现应有的功能，若不能，修改后再重新烧写试机，直到调试完成。对于支持 ISP 在线下载的单片机，可以通过下载线实现程序的烧写并进行验证。在所有的方法中最为方便、直观、高效的方法是使用仿真器进行程序的调试。下面以伟福仿真器为例，介绍程序调试的具体过程。

伟福仿真器如图 2-8 所示，主要由仿真器和仿真头两部分组成。

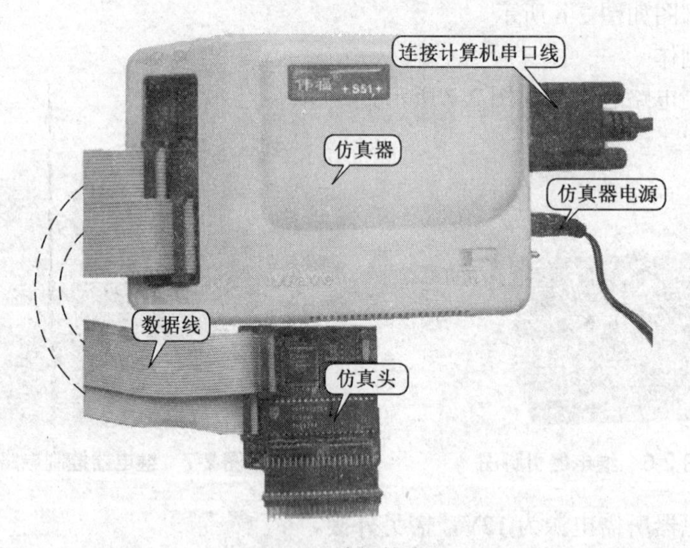

图 2-8　伟福仿真器

程序调试的基本步骤如表 2-4 所示。

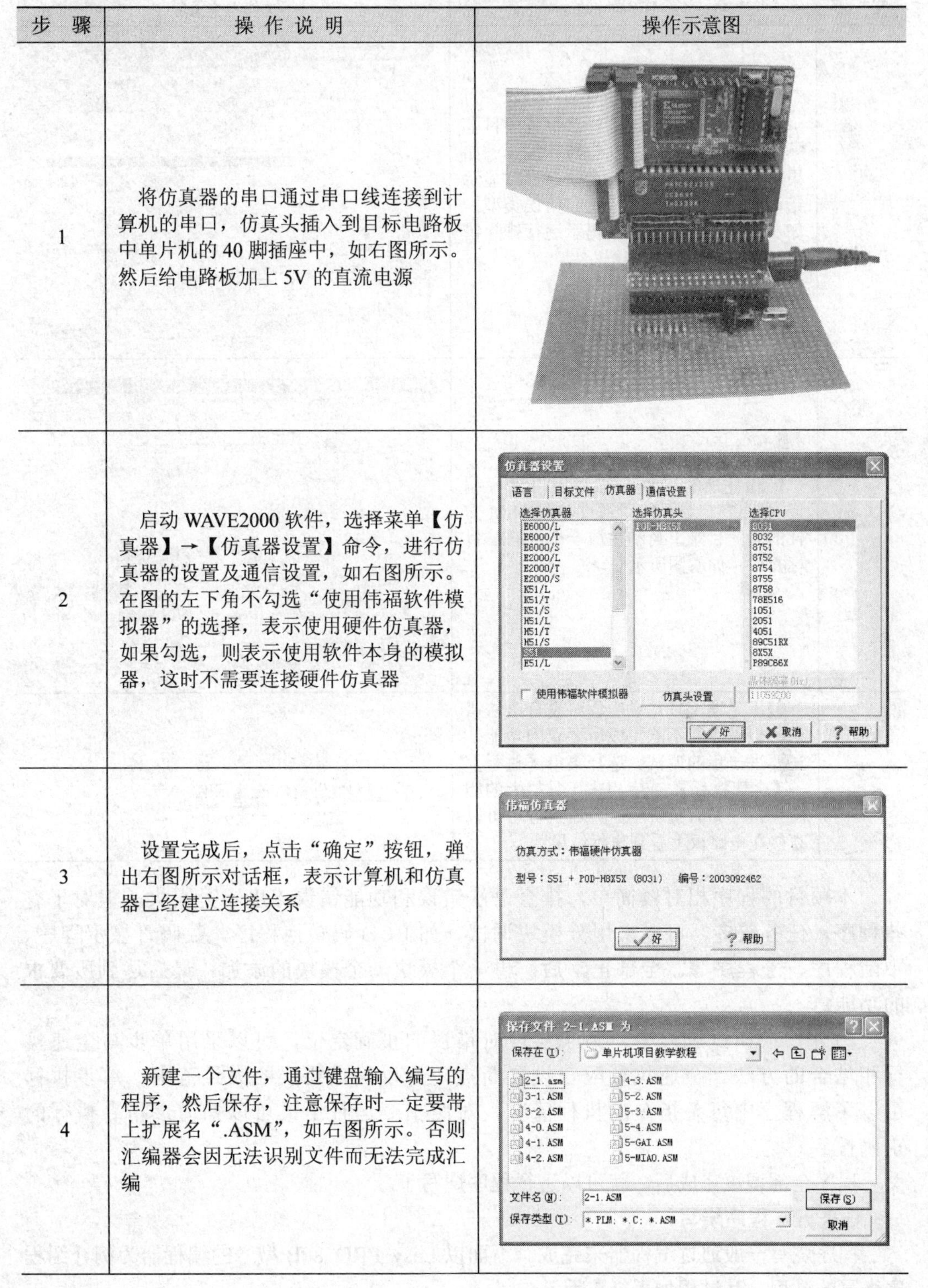

表 2-4　　程序调试的基本步骤

步　骤	操 作 说 明	操作示意图
1	将仿真器的串口通过串口线连接到计算机的串口，仿真头插入到目标电路板中单片机的 40 脚插座中，如右图所示。然后给电路板加上 5V 的直流电源	
2	启动 WAVE2000 软件，选择菜单【仿真器】→【仿真器设置】命令，进行仿真器的设置及通信设置，如右图所示。在图的左下角不勾选“使用伟福软件模拟器”的选择，表示使用硬件仿真器，如果勾选，则表示使用软件本身的模拟器，这时不需要连接硬件仿真器	
3	设置完成后，点击“确定”按钮，弹出右图所示对话框，表示计算机和仿真器已经建立连接关系	
4	新建一个文件，通过键盘输入编写的程序，然后保存，注意保存时一定要带上扩展名“.ASM”，如右图所示。否则汇编器会因无法识别文件而无法完成汇编	

续表

步　骤	操 作 说 明	操作示意图
5	程序编写完成后，选择菜单【项目】→【编译】，或者按 F9 键进行编译。如果存在方法错误，就会在信息窗口显示错误所在的行、错误代码和错误类型，如右图所示。可以根据提示逐行排除错误	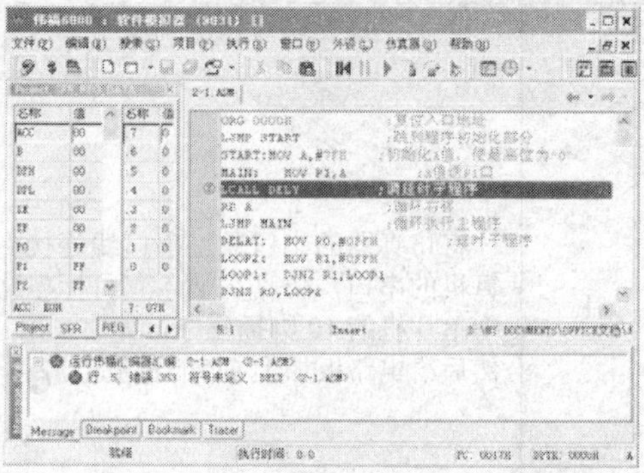
6	排除完所有的语法错误后再进行编译，信息窗口显示编译通过并在 ASM 文件的同一目录下自动生成一个 HEX 目标文件，如右图所示	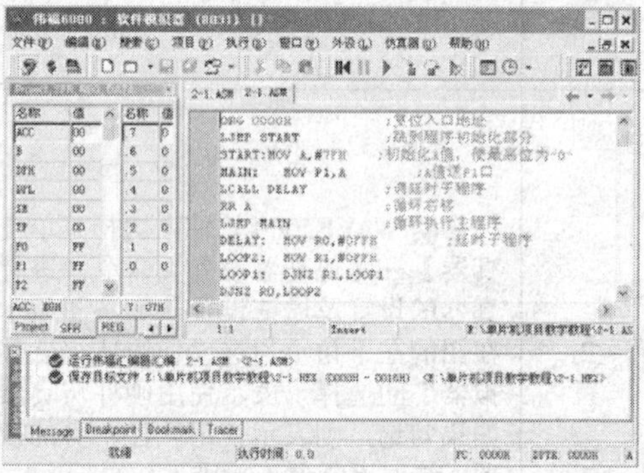
7	编译无误，只是说明程序没有语法错误，但程序能不能完成所要求的功能，还要进一步的调试。选择菜单【执行】→【全速执行】，或者点击工具栏上的相应按钮，如右图所示。全速执行后可以直接在电路板上看到执行结果	 复位 暂停 全速执行 跟踪 单步

本项目的程序相对较简单，排查语法错误和功能错误难度不是很大，但对于有些程序，任务较多，可以采用分模块调试，如 BCD 码转换程序、数码管显示程序、中断程序、子程序等。全部正常后，再一个模块一个模块的添加，最后达到所要求的功能。

另外，在调试过程中，为了实现对错误的正确定位，可以采用单步与全速执行相结合的方法。全速执行配合设置断点，可以确定错误的大致范围；单步执行可以了解程序中每条指令的执行情况，对照指令运行结果可以知道该指令执行的正确性。

程序全部调试完成后，就可以进行程序烧写了。

任务五　程序烧写

程序烧写一般通过编程器来完成。下面以 Easy PRO 80B 型号的编程器为例介绍程序烧写的过程。其过程如表 2-5 所示。

表 2-5　　　　程序烧写的过程

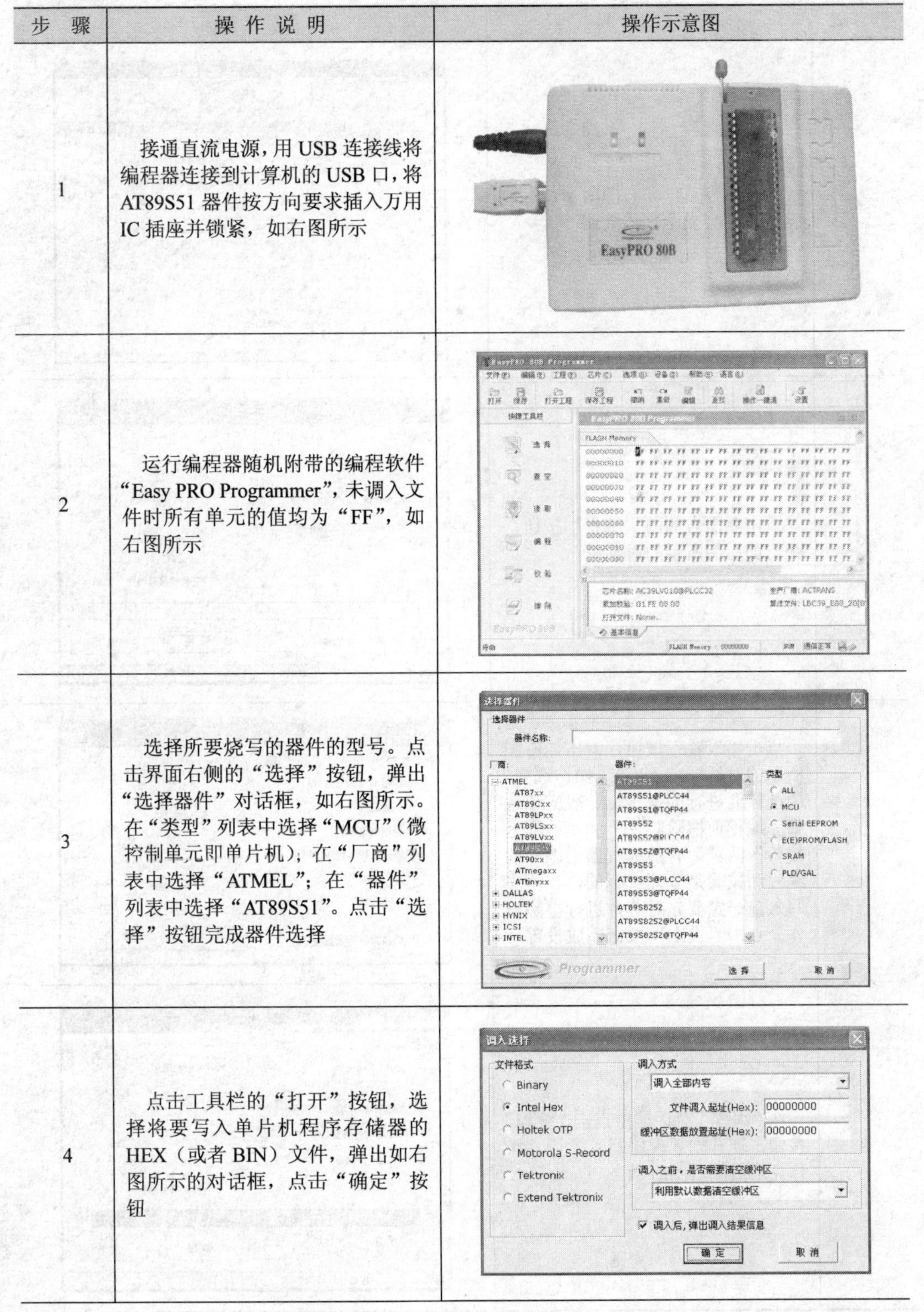

步　骤	操 作 说 明	操作示意图
1	接通直流电源，用 USB 连接线将编程器连接到计算机的 USB 口，将 AT89S51 器件按方向要求插入万用 IC 插座并锁紧，如右图所示	
2	运行编程器随机附带的编程软件“Easy PRO Programmer”，未调入文件时所有单元的值均为“FF”，如右图所示	
3	选择所要烧写的器件的型号。点击界面右侧的“选择”按钮，弹出“选择器件”对话框，如右图所示。在“类型”列表中选择“MCU”(微控制单元即单片机)；在“厂商”列表中选择“ATMEL”；在“器件”列表中选择“AT89S51”。点击“选择”按钮完成器件选择	
4	点击工具栏的“打开”按钮，选择将要写入单片机程序存储器的 HEX（或者 BIN）文件，弹出如右图所示的对话框，点击“确定”按钮	

续表

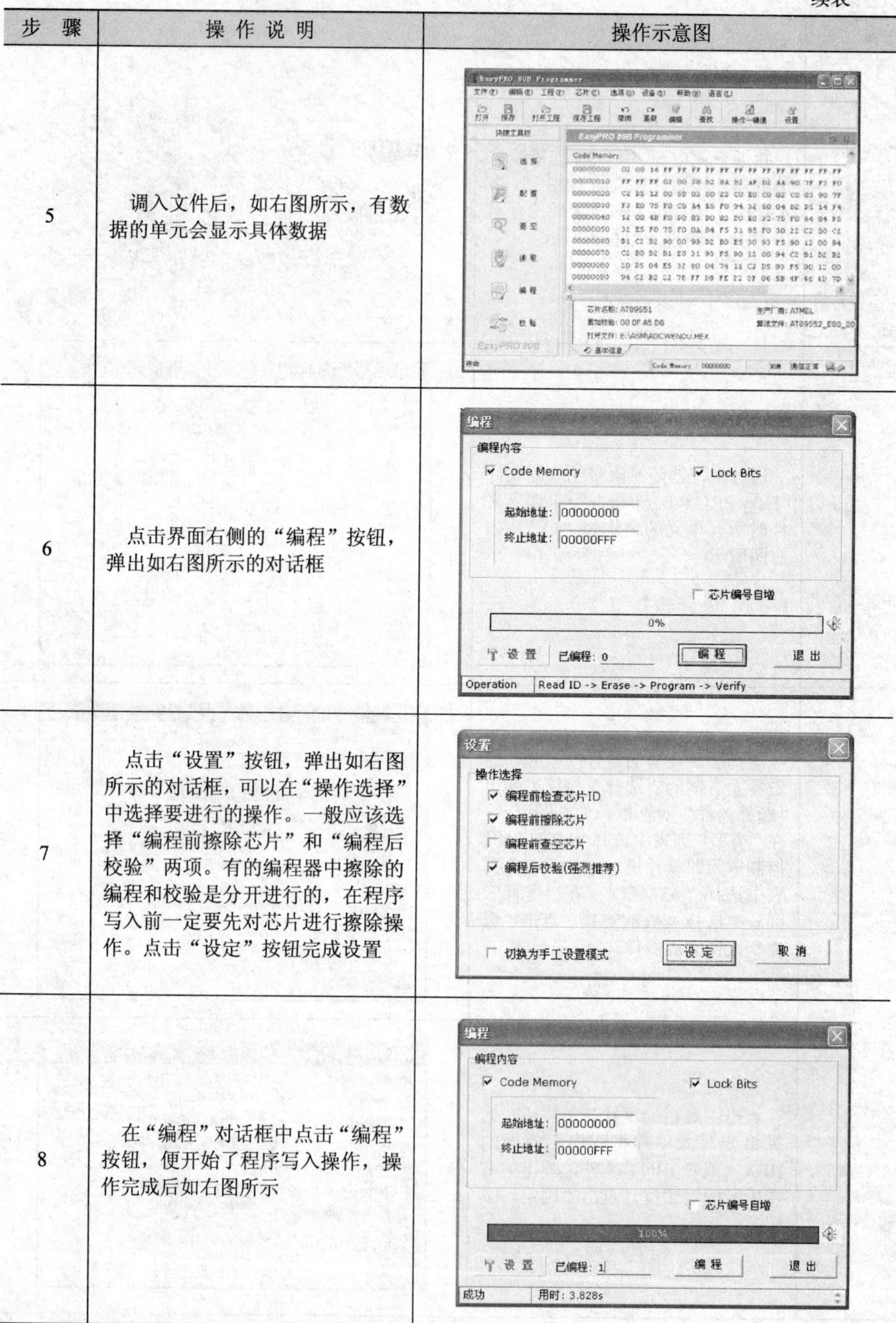

步　骤	操 作 说 明	操作示意图
5	调入文件后，如右图所示，有数据的单元会显示具体数据	
6	点击界面右侧的“编程”按钮，弹出如右图所示的对话框	
7	点击“设置”按钮，弹出如右图所示的对话框，可以在“操作选择”中选择要进行的操作。一般应该选择“编程前擦除芯片”和“编程后校验”两项。有的编程器中擦除的编程和校验是分开进行的，在程序写入前一定要先对芯片进行擦除操作。点击“设定”按钮完成设置	
8	在“编程”对话框中点击“编程”按钮，便开始了程序写入操作，操作完成后如右图所示	

烧写完成后，将单片机从编程器上取下，插入到广告灯电路板的 IC 插座上，给电路板接上 5V 电源，观察电路运行情况。

二、项目基本知识

知识点一　MCS-51 单片机 I/O 口简介

如项目一所介绍的，MCS-51 系列单片机有 4 个 8 位并行输入/输出接口：P0 口、P1 口、P2 口和 P3 口，共计 32 根输入/输出线，作为与外部电路联络的脚。这 4 个接口可以并行输入或输出 8 位数据，也可以按位使用，即每 1 位均能独立作为输入或输出用。每个口都可作为通用 I/O 接口，但其功能又有所不同，如表 2-6 所示。

表 2-6　　各 I/O 口结构功能表

I/O 口	结构及特点	一位内部结构图	主要功能
P0 口	右图所示是 P0 口的一位口线内部结构图，口的各位口线具有与其完全相同但又相互独立的结构。 在 P0 口的内部有一个多路开关，在控制信号的控制下，可以分别接通锁存器输出（作为通用 I/O 口进行数据的输入/输出）或接通地址/数据线（作为系统的数据总线和低 8 位地址总线）。 由于数据输出的驱动和控制电路是由两支场效应管组成，所以在作为通用 I/O 口使用时，必须外接上拉电阻才能有高电平输出	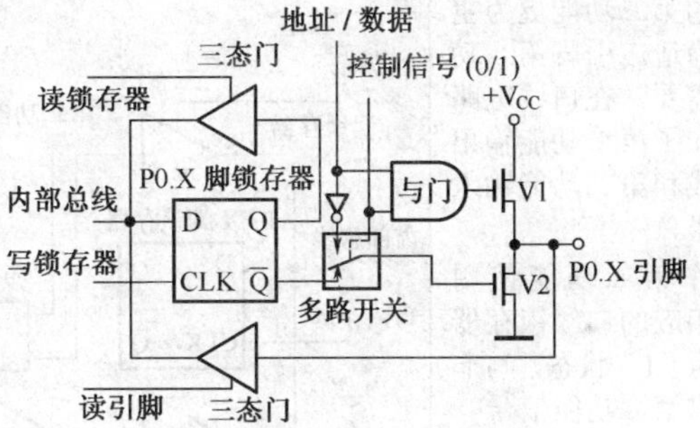 地址 / 数据 三态门 控制信号 (0/1) 读锁存器 $+V_{CC}$ P0.X 脚锁存器 与门 V1 内部总线 D　Q 写锁存器 CLK　$\overline{Q}$ P0.X 引脚 V2 多路开关 读引脚 三态门 P0 口一位口线内部结构图	通用 I/O 接口； 系统的数据总线； 系统地址总线的低 8 位
P1 口	右图所示是 P1 口的一位口线内部结构图。因为 P1 口通常只能作为通用 I/O 使用，其内部没有多路开关，输出驱动电路中有上拉电阻，所以外接电路无需再接上拉电阻	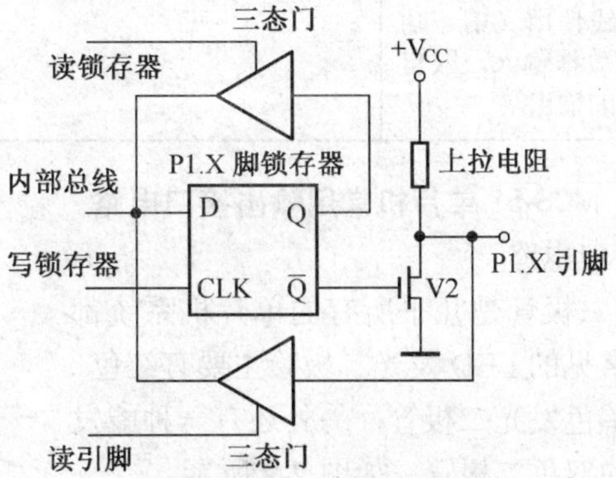 三态门 读锁存器 $+V_{CC}$ P1.X 脚锁存器 上拉电阻 内部总线 D　Q 写锁存器 CLK　$\overline{Q}$ P1.X 引脚 V2 读引脚 三态门 P1 口一位口线内部结构图	通用 I/O 接口

续表

I/O 口	结构及特点	一位内部结构图	主要功能
P2 口	右图所示是 P2 口的一位口线内部结构图。P2 口既能作为通用 I/O 使用，又能为系统提供高 8 位地址总线，因此同 P0 口一样，其内部也有一个多路开关。当作为通用 I/O 口使用时，多路开关倒向锁存器输出端；当作为系统高 8 位地址线使用时，多路开关倒向地址端	P2 口一位口线内部结构图	通用 I/O 接口； 系统的地址总线的高 8 位
P3 口	右图所示是 P3 口的一位口线内部结构图。P3 口可以作为通用 I/O 口使用，但在实际应用中它的第二功能更为重要，为适应引脚第二功能的需要，在口线电路中增加了第二功能输出信号线和第二功能输入缓冲器。 当作第二功能使用时，相应的口线锁存器必须为“1”状态，与非门输出第二功能信号。在 P3 口的引脚信号输入通道中有两个三态缓冲器，第二功能的输入信号取自第一个缓冲器（第二功能输入缓冲器）的输出端。而作为通用 I/O 口线使用（第一功能）的数据输入，取自三态门的输出端	P3 口一位口线内部结构图	通用 I/O 接口； 每个脚又都具有第二功能

知识点二　MCS-51 单片机常用输出接口电路

1．LED 接口电路

LED 发光二极管是几乎所有的单片机系统都要用到的，最常见的 LED 发光二极管主要有红色、绿色、蓝色等单色发光二极管，另外还有一种能发红色和绿色光的双色二极管，如图 2-9 所示。

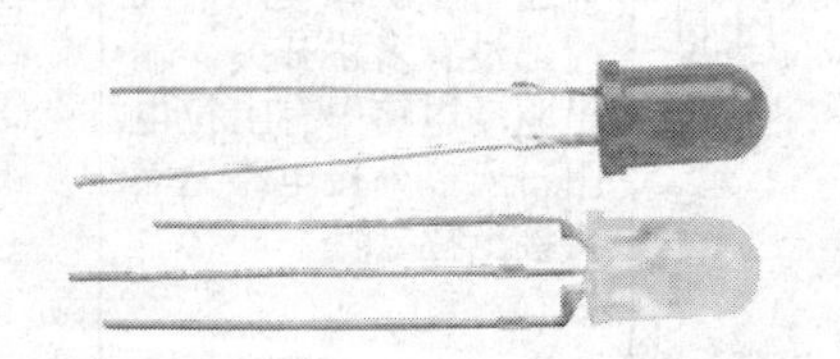

图 2-9　单色和双色 LED 发光二极管

驱动 LED，可分为低电平点亮和高电平点亮两种。由于 P1～P3 口内部上拉电阻阻值较大，在 20～40kΩ范围，属于“弱上拉”，因此 P1～P3 口引脚输出高电平电流 I_{OH} 很小（为 30～60μA）。而输出低电平时，下拉 MOS 管导通，可吸收 1.6～15mA 的灌电流，负载能力较强。因此两种驱动 LED 的电路在结构上有较大差别。在如图 2-10（a）所示的电路中，对 VD1、VD2 的低电平驱动，是可以的，而对 VD3、VD4 的高电平驱动是错误的，因为单片机提供不了点亮 LED 的输出电流。正确的高电平驱动电路如图 2-10（b）所示。

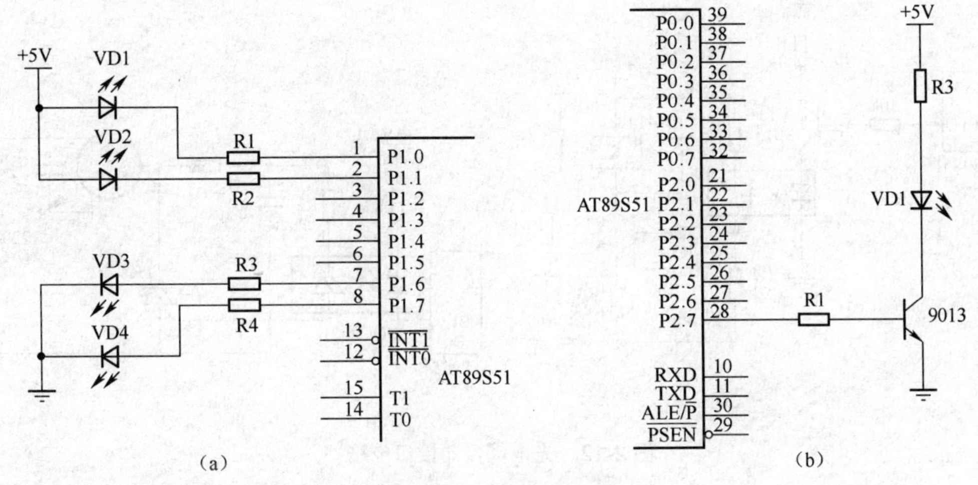

图 2-10　LED 驱动电路

2．继电器接口电路

继电器通常用于驱动大功率电器并起到隔离作用，由于继电器所需的驱动电流较大，一般都要由三极管驱动电路驱动。

图 2-11（a）所示是高电平驱动继电器的电路。图 2-11（b）看似是低电平驱动继电器，但仔细分析，该电路并不能正常工作，因为单片机输出的高电平也只有+5V，而继电器的+12V 工作电压使三极管的发射结处于正偏，继电器并不能释放，而且这个电压加在单片机的输入端还有可能损坏单片机。所以在使用单片机驱动继电器时，采用高电平驱动方式更加安全可靠。

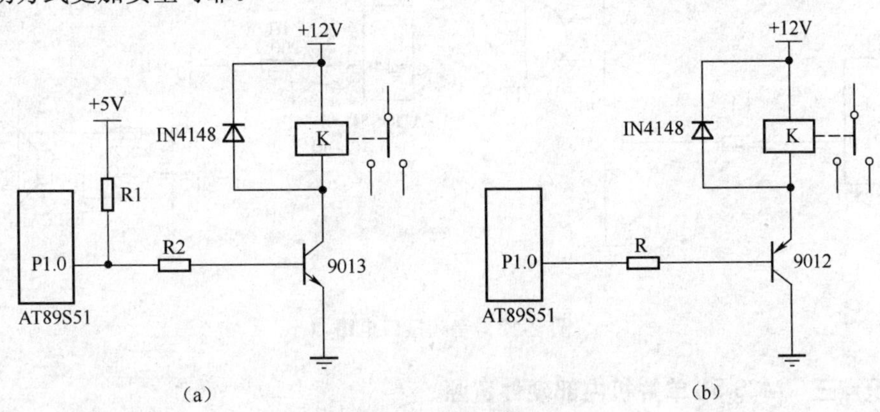

图 2-11　继电器驱动电路

3．光电耦合器接口电路

光电耦合器接口在单片机驱动强电系统的大功率电器时，能有效起到电气隔离、提高抗干扰能力、保障电器和人身安全的作用，因此，在洗衣机、空调器等各种家用电器中得到广泛应用。

光电耦合器的接口电路如图 2-12 所示。

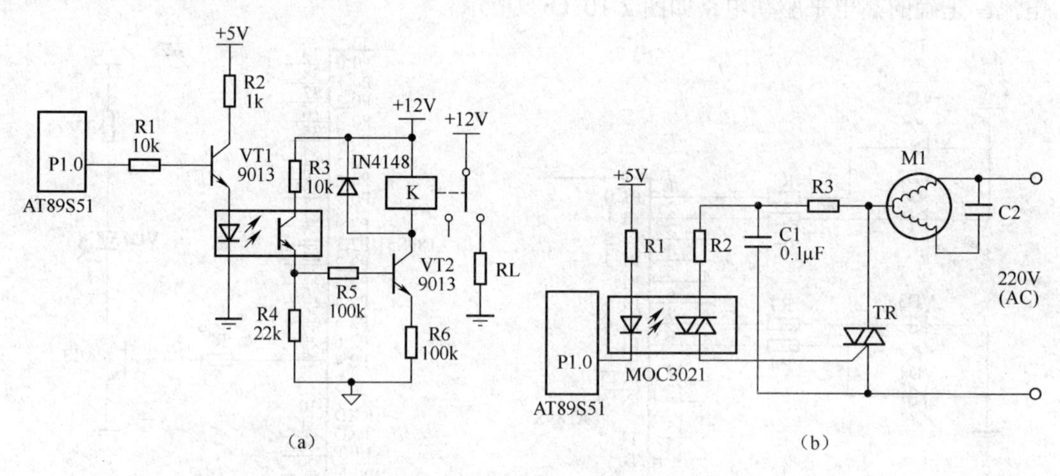

图 2-12　光电耦合器接口电路

4．音频接口电路

在单片机系统中经常使用蜂鸣器或扬声器作为声音提示、报警及音乐输出等。

单片机音频接口电路如图 2-13 所示。蜂鸣器是一种一体化结构的电子讯响器，采用直流驱动，使用中只需加直流电压（由单片机输出高电平）即可发出单一频率的音频。驱动扬声器则需要 20Hz～20kHz 的音频信号才能使其发出人耳可以听到的声音。单片机的端口只能输出数字量，单片机可以输出由高电平和低电平组成的方波，方波经放大滤波后，驱动扬声器发声。声音的音调高低由端口输出的方波的频率决定。

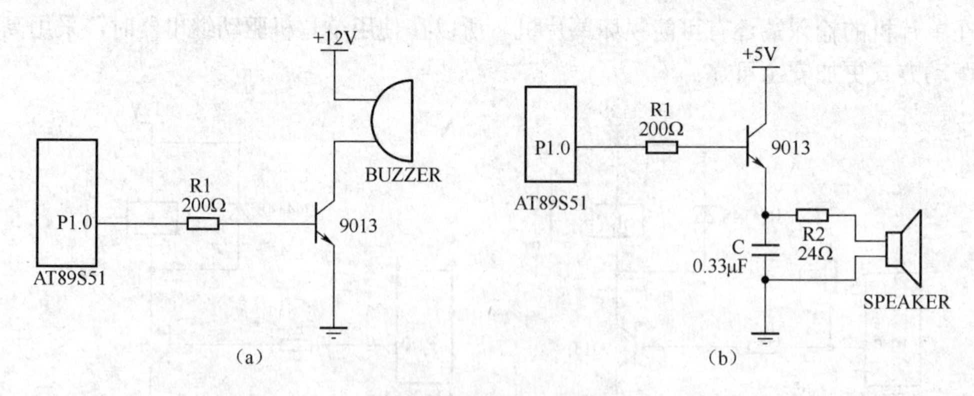

图 2-13　音频接口电路

知识点三　MCS-51 单片机内部硬件资源

片内数据存储器（内部 RAM）和片内程序存储器（内部 ROM）是供用户使用的重

要单片机硬件资源。

1．片内数据存储器

什么是存储器呢？打个比方来说：存储器就像一栋楼，假如这栋楼共有128层，每层有8个房间，每个房间可以存放1位二进制数。我们可以给每个楼层编号，0层、1层……127层，每层楼就相当于一个存储单元，楼层号就相当于单元地址，用十六进制表示就是00H、01H……7FH。每层楼的每个房间就相当于一位。在片内数据存储器中，有的单元只能8位同时存入或者8位同时取出，这种操作叫字节操作；有的单元既能字节操作，又能对该单元的每1位单独操作，这种操作叫位操作。要想进行位操作，通常要给位分配一个地址，这个地址叫作位地址，就好像再给每层楼的每个房间再编个号，如0号、1号……7号，用十六进制表示也是00H、01H……07H。虽然位地址和字节地址的表示方法相同，但由于对位操作的指令和对字节操作的指令不同，所以在程序中并不会造成混淆。

片内数据存储器即所谓的内部 RAM，主要用于数据缓冲和中间结果的暂存。其特点是掉电后数据即丢失。

MCS-51单片机内部有256个数据存储器单元，通常把这256个单元按其功能分为两部分：低128单元（单元地址00H～7FH）和高128单元（单元地址80H～FFH）。其中低128单元是供用户使用的数据存储器单元，按用途可把低128单元分为3个区域，如图2-14所示。

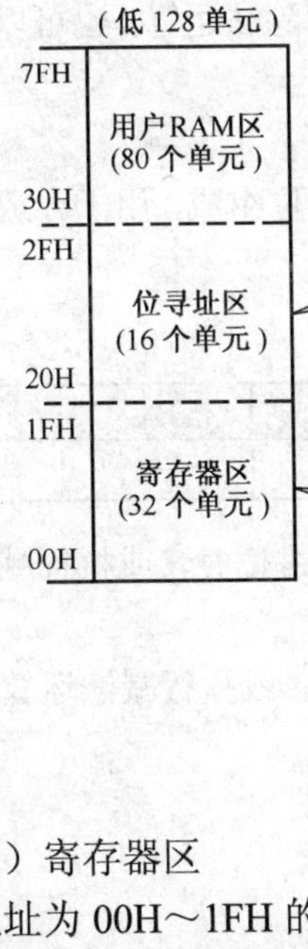

(低128单元)

地址	区域
7FH～30H	用户RAM区(80个单元)
2FH～20H	位寻址区(16个单元)
1FH～00H	寄存器区(32个单元)

单元地址	位地址	单元地址	位地址
20H	07H←00H	28H	47H←40H
21H	0FH←08H	29H	4FH←48H
22H	17H←10H	2AH	57H←50H
23H	1FH←18H	2BH	5FH←58H
24H	27H←20H	2CH	67H←60H
25H	2FH←28H	2DH	6FH←68H
26H	37H←30H	2EH	77H←70H
27H	3FH←38H	2FH	7FH←78H

RS1	RS0	寄存器组	片内 RAM 地址	符号
0	0	第0组	00H～07H	R0～R7
0	1	第1组	08H～0FH	R0～R7
1	0	第2组	10H～17H	R0～R7
1	1	第3组	18H～1FH	R0～R7

图2-14　内部RAM低128单元结构图

（1）寄存器区

地址为00H～1FH的空间为寄存器区，共32个单元，分成4个组，每个组8个单元，符号为R0～R7，通过RS1和RS0的状态选定当前寄存器组，如图2-14中表格所示。任一时刻，CPU只能使用其中的一组寄存器。

（2）位寻址区

地址为 20H～2FH 的 16 个单元空间称为位寻址区，这个区的单元既可以进行字节操作，也可以对每 1 位单独操作（置“1”或清零），所以每一位都有自己的位地址。

通常在使用中，“位”有两种表示方式。一种是以位地址的形式，如图 2-14 中表格所示，例如，25H 单元的第 0 位的位地址是 28H；另一种是以单元地址加位的形式表示，例如，同样的 25H 单元的第 0 位表示为 25H.0。

（3）用户 RAM 区

地址为 30H～7FH 的 80 个单元空间是供用户使用的一般 RAM 区，对于该区，只能以单元的形式来使用（即字节操作）。

（4）特殊功能寄存器区

内部数据存储器的高 128 单元的地址为 80H～FFH，在这 128 个单元中离散地分布着若干个特殊功能寄存器（简称 SFR），也就是说，其中有很多地址是无效地址，空间是无效空间。这些特殊功能寄存器在单片机中起着非常重要的作用。

下面对一些常见的特殊功能寄存器作一简单介绍。其余的寄存器在相关项目应用时介绍。

① 累加器 Acc。

累加器 Acc 简称 A，是所有特殊功能寄存器中最重要、使用频率最高、最繁忙的寄存器，常用于存放参加算术或逻辑运算的两个操作数中的一个，运算结果最终都存在 A 中，许多功能也只有通过 A 才能实现。

② B 寄存器。

B 寄存器也是 CPU 内特有的一个寄存器，主要用于乘法和除法运算。也可以作为一般寄存器使用。

③ 程序状态字寄存器 PSW。

程序状态字寄存器有时也称为“标志寄存器”，由一些标志位组成，用于存放指令运行的状态。内部 8 位的具体定义如表 2-7 所示。

表 2-7　　MCS-51 中 PSW 寄存器各位功能

B7	B6	B5	B4	B3	B2	B1	B0
CY	AC	F0	RS1	RS0	OV	—	P

CY：进位标志。在进行加法运算且当最高位（第 7 位）有进位时，或执行减法运算且最高位有借位时，CY 为 1；反之为 0。

AC：辅助进位标志。在进行加法运算且当第 3 位有进位，或执行减法运算且第 3 位有借位时，AC 为 1；反之为 0。

F0：用户标志位，可通过位操作指令将该位置 1 或清零。

RS1、RS0：工作寄存器组选择位，前面已介绍过。

PSW 的第 1 位 B1：保留位。

OV：溢出标志。在计算机内，带符号数一律用补码表示。在 8 位二进制中，补码所能表示的范围是−128～+127，而当运算结果超出这一范围时，OV 标志为 1，即溢出；

反之，为 0。

P：奇偶标志。该标志位始终体现累加器 Acc 中“1”的个数的奇偶性。如果累加器 Acc 中“1”的个数为奇数，则 P 位为 1；当累加器 A 中“1”的个数为偶数（包括 0 个）时，P 位为“0”。

④ 数据指针 DPTR。

数据指针 DPTR 是单片机中唯一一个用户可操作的 16 位寄存器，由 DPH（数据指针高 8 位）和 DPL（数据指针低 8 位）组成，既可以按 16 位寄存器使用，也可以将两个 8 位寄存器分开使用。

⑤ I/O 端口寄存器。

P0、P1、P2、P3 口寄存器实际上就是 P0 口～P3 口对应的 I/O 端口锁存器， 用于锁存通过端口输出的数据。

2．片内程序存储器

程序存储器主要用来存放程序，但有时也会在其中存放数据表（如数码管段码表等）。

89C51 芯片内有 4KB 的程序存储器单元，其地址为 0000H～0FFFH。在程序存储器中地址为 0000H～002AH 的 43 个单元在使用时是有特殊规定的。

其中 0000H～0002H 三个单元是系统的启动单元，0000H 称为复位入口地址，因为系统复位后，单片机从 0000H 单元开始取指令执行程序。但实际上 3 个单元并不能存下任何完整的程序，使用时应当在复位入口地址存放一条无条件转移指令，以便转移到指定的程序执行。

地址为 0003H～002AH 的 40 个单元被均匀地分为 5 段，每段 8 个单元，分别作为 5 个中断源的中断地址区。具体划分如下：

0003H～000AH　　外部中断 0 中断地址区，0003H 为其入口地址
000BH～0012H　　定时器/计数器 0 中断地址区，000BH 为其入口地址
0013H～001AH　　外部中断 1 中断地址区，0013H 为其入口地址
001BH～0022H　　定时器/计数器 1 中断地址区，001BH 为其入口地址
0023H～000AH　　串行中断地址区，0023H 为其入口地址

中断响应后，CPU 能按中断种类，自动转到各中断区的入口地址去执行程序。但实际上，8 个单元难以存下一个完整的中断服务程序。我们可以在中断区的入口地址存放一条无条件转移指令，而将实际的中断服务程序存放在后面的其他空间。在中断响应后，通过入口地址的这条无条件转移指令再转到实际的中断服务程序执行。

知识点四　程序编写及相关指令

1．程序编写

（1）指令的基本格式

MCS-51 单片机指令主要由标号、操作码、操作数和注释 4 个部分组成，其中方括号括起来的是可选部分，可有可无，视需要而定。

```
START:      MOV        A,#7FH              ;将立即数送累加器 A
[标号]      <操作码>   [操作数]            [注释]
```

① 标号：标号是指令的符号地址，有了标号，程序中的其他语句就可以访问该语句。

有关标号的规定如下：

a．标号是由不超过 8 位的英文字母和数字组成，但头一个字符必须是字母。

b．不能使用系统中已规定的符号，如：MOV、DPTR 等。

c．标号后面必须跟有英文半角冒号（:）。

d．同一个标号在一个程序中只能定义一次，不能重复定义。

② 操作码：指明语句执行的操作内容，是以助记符表示的。

③ 操作数：用于给指令的操作提供数据或地址。在一条语句中，操作数可能有 0 个、1 个、2 个或者是 3 个，各操作数之间用英文半角逗号“,”隔开。

④ 注释：对语句的解释说明，提高程序的易读性。注释前必须加英文半角分号“;”。

（2）汇编程序的基本结构

为了使程序结构清晰明了，方便修改、维护，一般可按下面结构书写程序。

```
        ORG 0000H          ;复位入口地址
        LJMP START         ;转移到程序初始化部分 START
        ORG 0003H          ;外部中断 0 入口地址
        LJMP WAIBU0        ;转移到外部中断 0 的服务程序 WAIBU0
        ORG 000BH
        RETI
        ……
START:  MOV A,#7FH         ;初始化程序部分
        ……
MAIN:   MOV P1,A           ;主程序部分
        ……
        LJMP MAIN          ;循环执行主程序
DELAY:  MOV R0,#0FFH       ;子程序
        ……
        RET
WAIBU0: PUSH A             ;中断服务程序
        ……
        RETI
```

① 复位入口地址。

0000H 称为复位入口地址，因为系统复位后，单片机从 0000H 单元开始读取指令执行程序，但实际上 3 个单元并不能存下任何完整的程序，使用时应当在复位入口地址存放一条无条件转移指令如“LJMP START”，以便转移到指定的程序执行（标号为“START”处）。

② 中断入口地址。

一般在入口地址存放一条无条件转移指令如“LJMP WAIBU0”，而将实际的中断服务程序存放在后面的其他空间（标号为“WAIBU0”处）。

对于系统没有使用的中断源，可以不做任何处理，也可以放一条 RETI 指令，在误中断时直接返回，以增强抗干扰能力。

③ 初始化程序。

初始化程序主要对一些特定的存储单元设置初始值或执行特定的功能，如开中断、

设置计数初值等。该部分程序只在系统复位后执行一次，然后直接进入主程序。所以初始化程序必须放在主程序之前。

④ 主程序。

主程序一般为死循环程序。CPU 运行程序的过程，实际就是反复执行主程序的过程，因此实现了随时接收输入和不停地将新的结果输出的功能。

⑤ 子程序。

在主程序中，如果要反复多次执行某段完全相同的程序，为了简化程序，可以将该段重复的程序单独书写，这就是子程序。在主程序需要的时候，只要调用子程序即可。

子程序可以放在初始化和主程序构成的程序段之外的任何位置，但习惯上将子程序放在主程序之后的任何位置。子程序必须有子程序返回指令“RET”结束。

⑥ 中断服务程序。

中断服务程序又叫中断服务子程序，是指响应“中断”后执行的相应的处理程序。

中断服务程序类似于子程序，习惯上也是放在主程序之后的任何位置。

注意：在汇编程序中，数值既可以使用二进制，也可以使用十进制和十六进制。后面跟“B”的表示二进制数，后面跟“D”的表示十进制数（对于十进制数“D”可以省略），后面跟“H”的表示十六进制数，在程序中一般使用十六进制数。下面 3 条指令的结果是完全一样的。

```
MOV A,#01100100B
MOV A,#100
MOV A,#64H
```

2．相关指令

本项目相关指令主要有：MOV、RR、RL、SETB、CLR、CPL、LJMP、DJNZ、LCALL、RET、ORG。

（1）数据传送指令：MOV

通用格式：MOV <目的操作数>,<源操作数>

举例：
```
MOV A, #30H          ;将立即数 30H 送入累加器 A
MOV P1,#0FH          ;将立即数 0FH 送到 P1 口
```

（2）移位指令：RR、RL

```
循环右移：RR A        ;将 A 中的各位循环右移一位
循环左移：RL A        ;将 A 中的各位循环左移一位
```

循环移位指令示意图如图 2-15 所示。

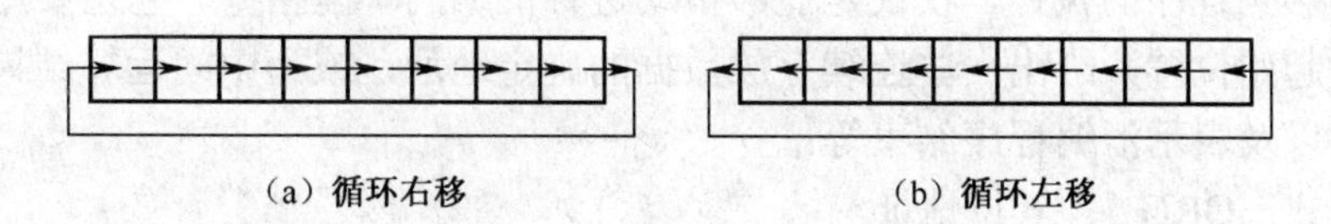

（a）循环右移　　（b）循环左移

图 2-15　循环移位指令示意图

循环移位指令的操作数只能是累加器 A。

（3）置位、清零、取反指令：SETB、CLR、CPL

举例：
```
SETB C         ;将进位标志C置“1”
SETB P1.0      ;将端口P1.0置“1”
CLR C          ;将进位标志C清零
CLR P1.0       ;将端口P1.0清零
CPL C          ;位标志C取反
CPL P1.0       ;端口P1.0取反
```

（4）无条件转移指令：LJMP

通用格式：LJMP <十六位程序存储器地址或以标号表示的十六位地址>

举例：
```
LJMP MAIN      ;转移到标号为“MAIN”处执行
```

其他无条件转移指令请参看相关内容。

（5）减1非0条件转移指令：DJNZ

通用格式：DJNZ <寄存器>,<相对地址>

举例：
```
DJNZ R0,LOOP   ;先对R0中的数减1，若R0≠0，转移到LOOP处执行
               ;若R0=0，则顺序执行
```

该指令常用来编写指定次数的循环程序。虽然单片机执行一条指令的时间很短，仅为1μm（具体时间和时钟与具体指令的指令周期有关）左右，但如果使单片机反复执行指令几百次、几千次或几万次，所需时间就比较明显，因此我们常通过编写循环程序来达到延时的目的。下面的循环程序可作为软件延时程序。

```
        MOV R0,#0FFH    ;延时程序
LOOP2:  DJNZ R0,LOOP2
```

该程序循环次数为255次，如果延时时间不够，可以编写如下循环嵌套程序，以增加循环次数，达到更长时间的延时。

```
        MOV R0,#0FFH    ;延时程序
LOOP2:  MOV R1,#0FFH
LOOP1:  DJNZ R1,LOOP1
        DJNZ R0,LOOP2
```

（6）子程序调用和返回指令：LCALL、RET

子程序调用：LCALL <子程序的地址或标号>

举例：LCALL DELAY

子程序返回：RET

（7）设置目标程序起始地址伪指令ORG

ORG是一条伪指令。所谓伪指令，并不是单片机本身的指令，不要求CPU进行任何操作，不影响程序的执行，仅仅是能够帮助进行汇编的一些指令。它主要用来指定程序或数据的起始位置，给出一些连续存放数据的确定地址，或为中间运算结果保留一部分存储空间以及表示汇编程序结束等。

指令格式：ORG <16位地址>

指明后面程序的起始地址，它总是出现在每段程序的开始。

举例：
```
ORG      0000H
LJMP     MAIN; 本条指令存放在从0000H地址开始的连续单元中
```

项目学习评价

一、技能反复训练

① 观察现实中霓虹灯的各种变幻效果，在广告灯控制电路中，编写出其相应的程序，比一比，看谁制作的变幻效果又多又好看。

② 在音频控制电路中，试编写一句乐曲，比一比，看谁的更逼真、好听。

二、学习与思考题

① 广告灯的闪烁、音频电路的单频率声音和继电器周期性的吸合释放的程序基本相同，只是延时时间不同，想一想对于每一个任务，各自的延时时间为多长比较合适？

② 已知运行指令 MOV R0,#0FFH 需要 1μs，运行指令 DJNZ R0,LOOP 需要 2μs，试计算下面两个延时程序的延时时间。

a. 单级循环延时程序。

```
        MOV R0,#0FFH      ;延时程序
LOOP2:  DJNZ R0,LOOP2
```

b. 循环嵌套延时程序。

```
        MOV R0,#0FFH      ;延时程序
LOOP2:  MOV R1,#0FFH
LOOP1:  DJNZ R1,LOOP1
        DJNZ R0,LOOP2
```

三、自我评价、小组评价及教师评价

评价项目	项目评价内容	分值	自我评价	小组评价	教师评价	得分
理论知识	① 绘制常用输出接口电路，并说明是高电平驱动方式还是低电平驱动方式	10				
	② 叙述 MCS-51 单片机片内 RAM 的地址范围、分区及使用特点	5				
	③ 叙述 MCS-51 单片机片内 ROM 的 6 个特殊空间的地址范围和入口地址	5				
	④ MCS-51 单片机汇编程序的结构及组成	10				
实操技能	① 广告灯电路的制作（含程序）	10				
	② 音频控制电路的制作（含程序）	10				
	③ 继电器控制电路的制作（含程序）	10				
	④ 程序的调试与烧写	10				

续表

评价项目	项目评价内容	分值	自我评价	小组评价	教师评价	得分
安全文明生产	① 正确开、关计算机	5				
	② 工具、仪器仪表的使用及放置	5				
	③ 实验台的整理和卫生的保持情况	5				
学习态度	① 出勤情况	5				
	② 实验室纪律	5				
	③ 团队协作精神	5				

四、个人学习总结

成功之处	
不足之处	
改进方法	

项目三　交通灯控制电路的制作

项目情境创设

城市中，十字路口的车辆往来穿梭，行人熙熙攘攘。然而，车辆及行人各行其道，有条不紊，这主要是依靠交通信号灯的自动指挥，交通信号灯的控制方式很多，本项目主要介绍以 MCS-51 系列单片机为核心器件的交通灯控制电路的制作。

项目学习目标

项目学习目标		学 习 方 式	学　时
技能目标	① 掌握 I/O 口的结构与操作方法。 ② 掌握开关状态指示电路的制作及程序的编写。 ③ 掌握交通灯控制电路的制作及程序的编写	学生实际制作，教师指导程序的编写和调试	6 课时
知识目标	① 熟悉 MCS-51 单片机输入电路的使用方法。 ② 掌握基本指令的使用	教师讲授重点：学生掌握基本指令的使用	2 课时

项目基本功

一、项目基本技能

任务一　开关状态指示电路的制作

1．硬件电路制作

任务要求：按下输入口的任意键，对应的输出口 LED 指示其状态。

（1）电路原理图

开关状态指示电路如图 3-1 所示。

（2）元器件清单

开关状态电路元器件清单如表 3-1 所示。

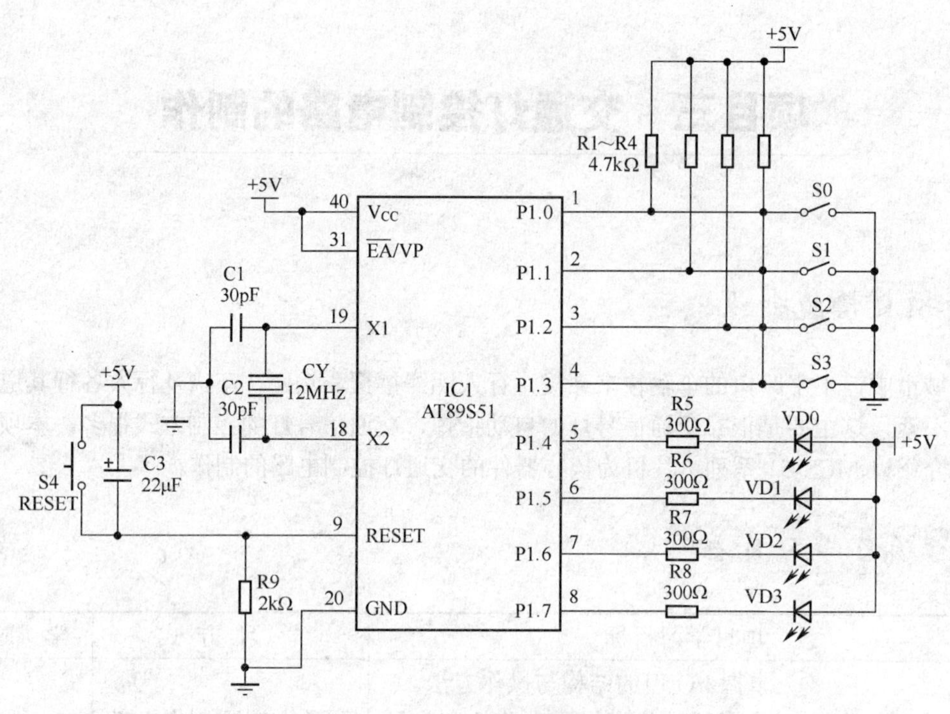

图 3-1　开关状态指示电路

表 3-1　　　开关状态指示电路元器件清单

代　　号	名　　称	实　物　图	规　　格
R1～R4	电阻		4.7kΩ
R5～R8	电阻		300Ω
R9	电阻		2kΩ
C1、C2	瓷介电容		30pF
C3	电解电容		22μF
S4	轻触按键		
CY	晶振		12MHz
IC1	单片机		AT89S51
	IC 插座		40 脚
VD0～VD3	发光二极管		红色 $\phi 5$
S0～S3	自锁开关		

表中所示的自锁开关为双刀双掷开关，共有 6 个引脚，使用其中的两个引脚，可以作为普通的开关。

（3）电路制作

开关状态指示电路装接图如图 3-2 所示。

图 3-2　开关状态指示电路装接图

（4）电路的调试

通电之前先用万用表检查各种电源线与地线之间是否有短路现象。

给硬件系统加电，不插入单片机，用一根导线，一端接地，另一端分别接触 IC 插座的 5、6、7、8 脚，观察 4 个二极管是否正常发光。

2．程序编写

P1 口的 P1.0～P1.3 作为输入，读取开关 S0～S3 上的信号，P1.4～P1.7 作为输出，控制发光二极管 VD0～VD3。

程序如下：

```
        ORG 0000H
        LJMP START
START:  MOV A,#0FH
        MOV P1,A                      ;P1 口为输入口
MAIN:   MOV A,P1                      ;读取 S0～S3 上的开关信号
        SWAP A                        ;高、低 4 位互换
        ORL A,#0FH                    ;屏蔽低 4 位
        MOV P1,A                      ;将开关信号送到 VD0～VD3
        LCALL DELAY
        LJMP MAIN
DELAY:  MOV  R3, #38H                 ;延时子程序
D2:     MOV  R4, #0F9H
D1:     NOP
        DJNZ  R4,D1
        DJNZ  R3,D2
        RET
        END
```

任务二　交通灯控制电路的制作

交通灯控制电路的任务要求：假定 A、B 两个交通干道交于一个十字路口，A 为主干道，B 为支干道，A、B 干道各有一组红、黄、绿 3 色指示灯，指挥行人和车辆的通行。

系统要求：能够上电复位或者手工复位，初始状态 4 个路口都亮红灯，2s 后正常工作。

白天工作期间：东西方向为主干道，南北方向为支干道，共有 4 种状态，东西路口的绿灯亮，南北路口的红灯亮，东西方向通车；延时 5s 后，东西路口的绿灯熄灭，黄灯闪烁；闪烁若干次后，东西路口的红灯亮，同时南北路口的绿灯亮，南北方向通车；延时 4s 后南北路口的绿灯熄灭，黄灯闪烁，闪烁若干次后，再切换到东西路口方向。循环重复上述过程，信号灯及车道运行状态如表 3-2 所示。

表 3-2　　红绿灯工作状态及车道运行状态

控 制 状 态	信号灯状态	车道运行状态
状态 1	东西绿灯亮，南北红灯亮，延时 5s	东西车道路通行，南北车道禁行
状态 2	东西黄灯闪 5 次，南北红灯亮	东西车道路缓行，南北车道禁行
状态 3	东西红灯亮，南北绿灯亮，延时 4s	东西车道路禁行，南北车道通行
状态 4	东西红灯亮，南北黄灯闪 5 次	东西车道路禁行，南北车道缓行

如果工作在夜间，那么南北的黄灯以及东西的黄灯持续闪烁。

1．硬件电路制作

（1）电路原理图

交通灯控制电路的硬件电路主要由 CPU、晶体振荡电路、复位电路、开关输入电路、发光二极管电路等电路组成，如图 3-3 所示。由于每个干道相对应的两组灯的亮灭关系完全一样，属于并联关系，所以图中只用两组灯来表示每个干道的 3 只红、黄、绿灯。

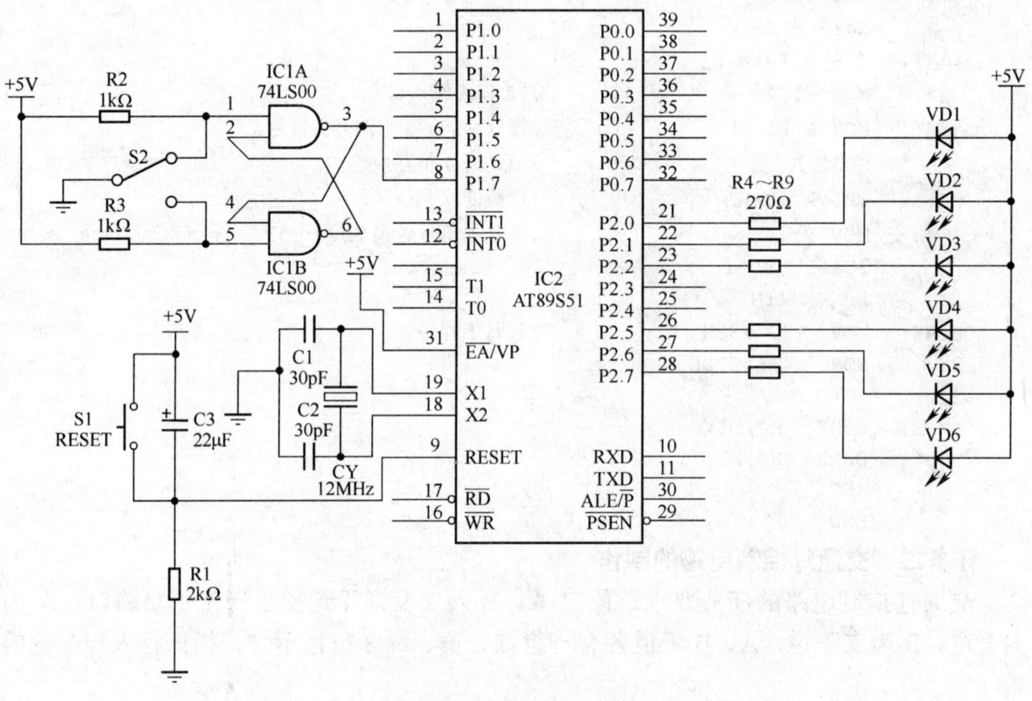

图 3-3　交通灯控制电路

（2）元器件清单

交通灯控制电路元器件清单如表 3-3 所示。

表 3-3　　交通灯控制电路元器件清单

代　　号	名　　称	实 物 图	规　　格
R1	电阻		2kΩ
R2、R3	电阻		1kΩ

续表

代　　号	名　　称	实　物　图	规　　格
R4～R9	电阻		270Ω
C1、C2	瓷介电容		30pF
C3	电解电容		22μF
S1	轻触按键		
S2	单刀双掷开关		
CY	晶振		12MHz
IC2	单片机		AT89S51
	IC 插座		40 脚
IC1	4 与非门		74LS00
VD1、VD6	发光二极管		红色 $\phi5$
VD2、VD5	发光二极管		黄色 $\phi5$
VD3、VD4	发光二极管		绿色 $\phi5$

（3）电路制作

交通灯控制电路装接图如图 3-4 所示。

图 3-4　交通灯控制电路装接图

（4）电路的调试

通电之前先用万用表检查各种电源线与地线之间是否有短路现象。

给硬件系统加电，不插入单片机，用一根导线，一端接地，另一端分别接触 IC 插座的 21、22、23、26、27、28 脚，观察 6 个二极管是否正常发光。

2. 程序编写

(1) 程序流程图

白天工作模式：主要是按照系统要求完成白天工作期间的交通灯执行功能。流程图如图 3-5 所示。

夜间工作模式：以 P1.7 口输入的开关状态判断是白天还是夜间，P1.7 为高电平，系统工作在白天模式；P1.7 为低电平，系统工作在夜间模式。流程图如图 3-6 所示。

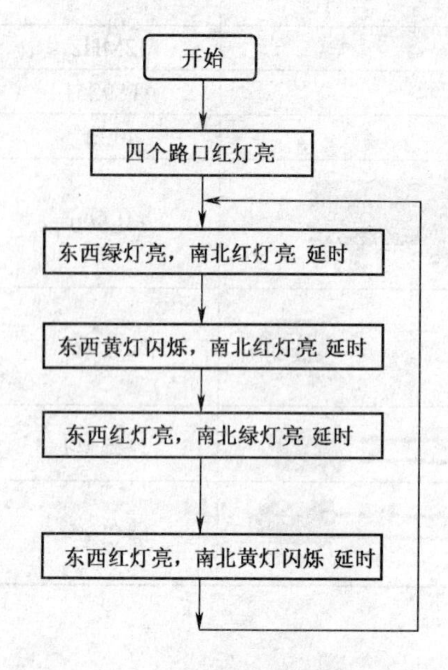

图 3-5 白天工作模式流程图

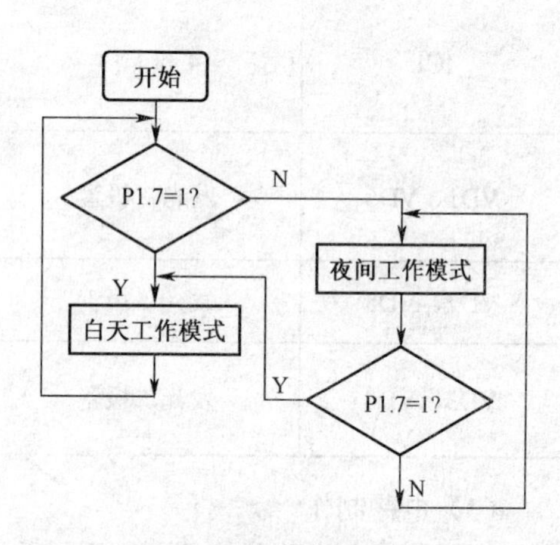

图 3-6 白天与夜间工作模式切换流程图

(2) 参考程序

```
        ORG 0000H
        MOV P2,#7EH             ;4 个路口红灯亮
        MOV R5,#100
        LCALL DELAY             ;延时 2s
DAY:
        MOV P1,#0FFH            ;P1 口作为输入口
LOOP1:  JNB P1.7,NIGHT
        MOV P2,#7BH             ;东西绿灯亮,南北红灯亮
        MOV R5,#250             ;延时 5s
        LCALL DELAY
        MOV R7,#05H             ;置黄灯闪烁次数 05H
H1:     MOV P2,#7DH             ;东西黄灯闪,南北红灯亮
        MOV R5,#10              ;延时
        LCALL  DELAY
        MOV P2, #7FH            ;南北红灯亮
        MOV R5, #10             ;延时
        LCALL DELAY
        DJNZ R7,H1              ;闪烁次数未到继续
```

```
H2:      MOV P2,#0DEH          ;东西红灯亮,南北绿灯亮
         MOV R5, #200          ;延时 4s
         LCALL DELAY
         MOV R7,#05H           ;置黄灯闪烁次数 05H
H3:      MOV P2,#0BEH          ;东西红灯亮,南北黄灯闪
         MOV R5,#10            ;延时
         LCALL DELAY
         MOV P2,#0FEH          ;东西红灯亮
         MOV R5, #10           ;延时
         LCALL DELAY
         DJNZ R7,H3            ;闪烁次数未到继续
         LJMP LOOP1            ;循环
NIGHT:
LOOP2:   JB P1.7,DAY
         MOV P2, #0BDH         ;东西黄灯亮,南北黄灯亮
         MOV R5, #10           ;延时
         LCALL DELAY
         MOV P2,#0FFH          ;东西黄灯灭,南北黄灯灭
         MOV R5,#10
         LCALL DELAY
         LJMP LOOP2
                               ;延迟时间=R5×20ms
DELAY:   MOV R4, #38H          ;延时子程序
D1:      MOV R3, #0F9H
         DJNZ R3,$
         DJNZ R4,D1
         DJNZ R5,DELAY
         RET
         END
```

任务三　程序调试与烧写

使用仿真器调试程序。程序调试完成后，使用编程器将编译的十六进制文件烧写入单片机，将单片机从编程器上取下，插入电路板的 IC 插座上，给电路板接上 5V 电源，观察电路运行情况。

二、项目基本知识

知识点一　MCS-51 单片机输入电路

单片机中有多种开关信号输入方式，其中，通过 I/O 引脚输入开关信号是常用的一种方式。在项目二中我们已经详细介绍了 MCS-51 单片机的 4 个并行 I/O 接口的结构特点及主要功能，详见表 2-6。我们知道每个 I/O 口的输出驱动电路是由两只场效应管（P0 口）或一只场效应管和一只上拉电阻（P1、P2、P3 口）组成。

当作为输入口时，必须先把端口置“1”，此时锁存器的 $\overline{Q}$ 为“0”，使输出级的场效应管 V2 处于截止状态，引脚处于悬浮状态，可以作高阻输入。否则，如果此前曾经输出锁存过数据“0”，输出级的场效应管 V2 则处于导通状态，引脚相当于接地，引脚上

的电位就被钳位在低电平上，使输入高电平时得不到高电平，读入的数据是错误的，还有可能烧坏端口。

如要把端口置“1”，可执行如下指令：

```
SETB P1.X           ;置位 P1.X（X 代 0～7）
MOV P1,#0FFH        ;将 P1 口全部置位
```

知识点二　相关指令

1．数据传送指令

```
MOV  Rn，#data      ;将数据传送到工作寄存器 Rn（n=0～7）中
```

2．字节交换指令

```
SWAP  A             ;将累加器 A 中的高 4 位与低 4 位互换
```

3．逻辑或指令

```
ORL  A，# data      ;将数据与累加器 A 中的内容按位进行逻辑或操作
```

4．控制转移指令

```
LJMP  addr16        ;PC ← addr16
```

该指令的功能是直接将目标地址 addr16 装入 PC，程序无条件转向目标地址。

```
AJMP  addr11        ;PC ←（PC）+2，PC10~0←addr11
```

该指令的执行是先将 PC+2 装入 PC，然后用 11 位地址 addr11 替换 $PC_{10\sim0}$，形成新的 PC 值，即为转移的目的地址。注意，AJMP 指令的转移目标地址要求与 AJMP 后面一条指令在同一 2KB 区域内。

5．判位转移指令

```
JB  bit，rel        ;（bit）=1，PC ←（PC）+3+rel
                    ;（bit）=0，PC ←（PC）+3
```

该指令的功能是判断 bit 位是否为 1，若为 1，程序转移；若为 0，程序顺序执行。

```
JNB  bit，rel       ;（bit）=0，PC ←（PC）+3+rel
                    ;（bit）=1，PC ←（PC）+3
```

该指令的功能是判断 bit 位是否为 0，若为 0，程序转移；若为 1，程序顺序执行。

项目学习评价

一、技能反复训练

① 在硬件电路图中，增加两只箭头形状的发光二极管，作为主干道左右转弯信号灯，并编写相应的程序。

② 如果再增加两只箭头形状的发光二极管，作为支干道左右转弯信号灯，硬件电路应怎样改动，编写相应程序。

二、学习和思考题

① 在任务一中，发光二极管用怎样的指令控制其点亮和熄灭？

② 试编写一段程序，功能为读 P1 口的低 4 位，取反后输出到 P1 口的高 4 位，保持 P1 口的低 4 位为输入方式。

③ 已知 AT89S51 单片机的 P1 口为输出方式，经驱动电路接有 8 个发光二极管。当

输出位为“1”时，点亮发光二极管，输出为“0”时，熄灭发光二极管。电路如图 3-7 所示。试分析下面程序的执行过程及发光二极管的工作情况。

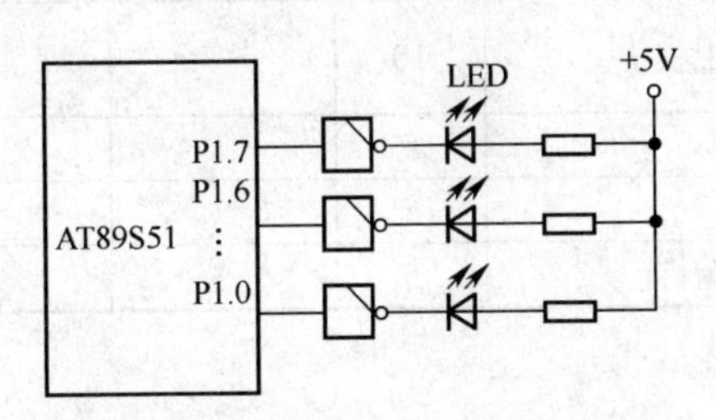

图 3-7　单片机与二极管连接电路

```
LOOP:   MOV  P1，#81H
        LCALL   DELAY
        MOV  P1，#42H
        LCALL   DELAY
        MOV  P1，#24H
        LCALL   DELAY
        MOV  P1，#18H
        LCALL   DELAY
        MOV  P1，#24H
        LCALL   DELAY
        MOV  P1，#42H
        LCALL   DELAY
        SJMP   LOOP
DELAY:  MOV  R2，#FAH
L1:     MOV  R3，#FAH
L2:     DJNZ  R3，L2
        DJNZ  R2，L1
        RET
```

④ 如图 3-7 所示，试编写一段程序，要求将 8 个发光二极管分为两组，每组 4 个，两组交叉轮流发光，反复循环。

三、自我评价、小组评价及教师评价

评价项目	项目评价内容	分值	自我评价	小组评价	教师评价	得分
理论知识	① 掌握 I/O 口的结构与操作方法	10				
	② 掌握开关状态指示电路程序的编写	15				
	③ 掌握交通灯控制电路程序的编写	15				
实操技能	① 掌握开关状态指示电路的制作	10				
	② 掌握交通灯控制电路的制作	10				
	③ 程序的调试与烧写	15				

续表

评价项目	项目评价内容	分值	自我评价	小组评价	教师评价	得分
安全文明生产	① 保持机房卫生	10				
学习态度	① 出勤情况	5				
	② 机房纪律	5				
	③ 团队协作精神	5				

四、个人学习总结

成功之处	
不足之处	
改进方法	

项目四　点阵显示电路的制作

项目情境创设

在车站、广场等很多地方，我们经常能看到一些大的显示屏，这些显示屏不但能显示图形、汉字，还能播放视频呢，这又是怎么制作的呢？下面我们就来学习点阵显示电路的制作。

项目学习目标

项目学习目标		学 习 方 式	学　时
技能目标	① 了解点阵的原理。 ② 能识别点阵显示块，并且会用万用表测出点阵的各个引脚。 ③ 能读懂并动手编制简单的点阵程序	学生实际测量和制作，教师指导演示、调试和维修	8 课时
知识目标	① 了解 LED 点阵的组成。 ② 熟悉 8×8 LED 点阵模块的原理。 ③ 掌握和理解点阵显示程序基本理论	教师讲授重点：熟悉 8×8 LED 点阵模块的原理和点阵显示程序的实现方法	4 课时

项目基本功

一、项目基本技能

任务一　认识点阵显示模块

LED 点阵显示模块是一种能显示图形、字符和汉字的显示器件，具有价廉、易于控制和实现、使用寿命长等特点，被广泛应用于各种公共场合，如车站、机场公告、商业广告、体育场馆、港口机场、客运站、高速公路、新闻发布、证券交易等方面。一个 LED 点阵显示模块一般是由 8×8 个 LED 发光二极管组成的方阵，有的点阵中的每个发光二极管是由双色发光二极管组成的，即双色 LED 点阵模块，如图 4-1 所示。由多个 LED 点阵显示模块可组成点阵数更高的点阵，如 4 个 LED 点阵显示模块可构成 16×16 点阵。

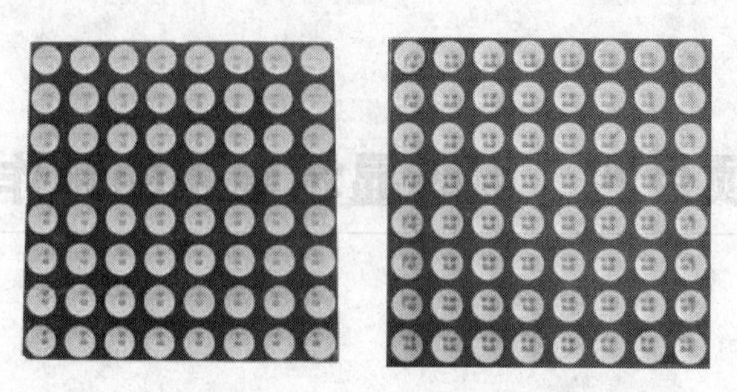

（a）单色点阵模块　　（b）双色点阵模块

图 4-1　8×8LED 点阵显示模块

1．手工焊接一个 8×8 点阵

任务要求：用 64 个发光二极管在万能实验板上焊接一个 8×8 点阵，并引出 8 根列线和 8 根行线。

（1）8×8 点阵电路图

8×8 点阵电路图如图 4-2 所示。由图可知，每列的 8 个发光二极管的负极连接在一起，并分别引出 8 根线，即 8 根列线 DR1～DR8；每行的 8 个发光二极管的正极连接在一起，并分别引出 8 根线，即 8 根行线 DC1～DC8。欲点亮某只发光二极管，须在其所在的列线上加低电平，在其所在的行线上加高电平。

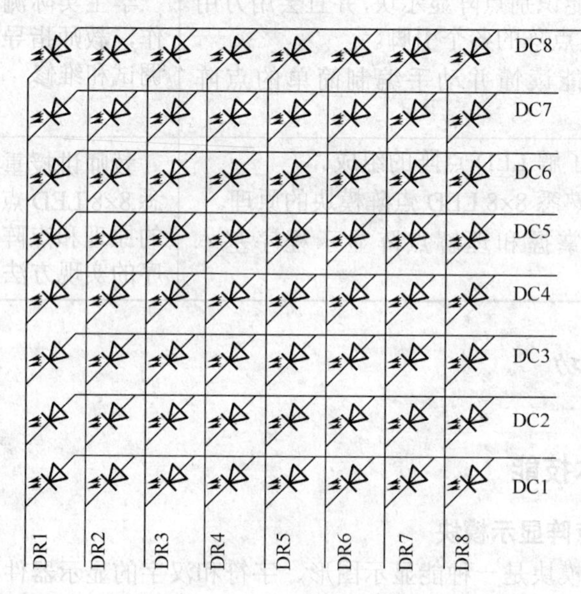

图 4-2　8×8 点阵电路图

（2）焊接实物图

焊接时注意列线和行线的正确连接方法。焊接实物图如图 4-3 所示。

2．LED 点阵显示模块的识别和检测

在使用 LED 点阵显示模块时，首先要判别它的引脚，一般它并不会如我们想象的那样按顺序排列好，而是需要用万用表或者测量电路进行判别。

（1）欧姆表检测法

应将万用表转换到欧姆挡的×10k 挡，因为一般万用表欧姆挡的×10k 挡使用的是 9V 电池或者 15V 电池供电，大于发光二极管的导通电压，能够使发光二极管导通并发出微弱的光，而欧姆挡的其他挡使用的是 1.5V 电池供电，测量效果不明显。

随机地找两个引脚测试（其原理与测量二极管基本相同），看前面的 LED 有没有被点亮的，没有则换其他引脚再试，有则将引脚位置、点亮的 LED 的行、列位置和极性记录下来；如果全没有，则调换表笔，再测一遍。如图 4-4 所示。

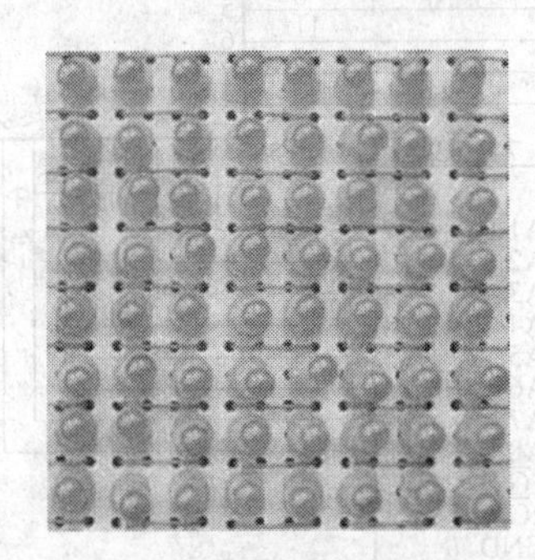

图 4-3　由发光二极管构成的 8×8 点阵

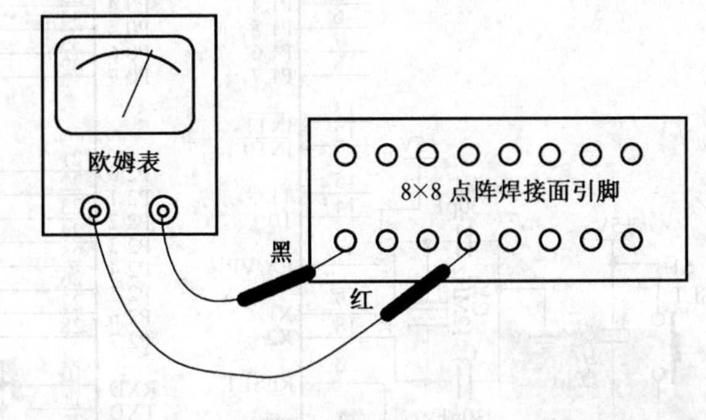

图 4-4　欧姆表检测法

最后我们将得到一份完整的 LED 点阵列数据表，根据该数据表就可以确定每根列线和行线所对应的引脚。

（2）电路测量法

电路测量法如图 4-5 所示。用该方法点亮的发光二极管的亮度高，且更加方便直观。

一种 8×8LED 点阵模块的引脚图如图 4-6 所示。

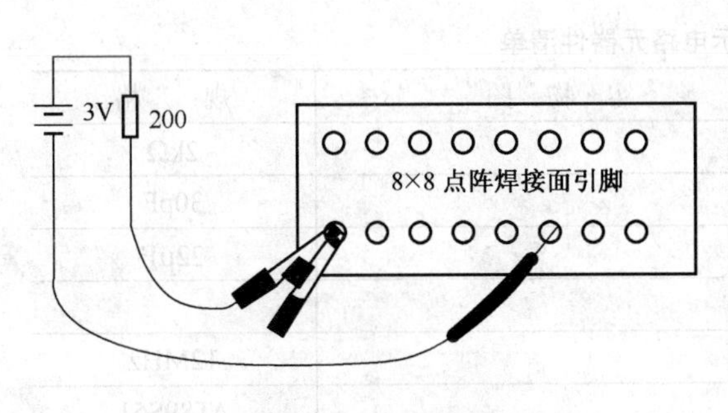

图 4-5　电路测量法

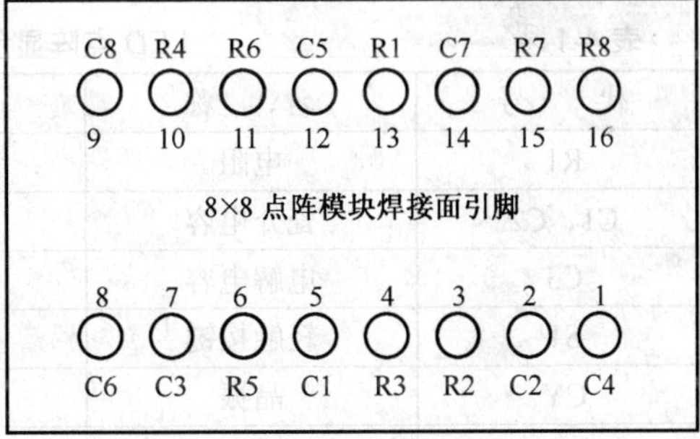

图 4-6　一种 8×8LED 点阵模块的引脚图

任务二　点阵显示电路的制作

任务要求：单片机 I/O 接一个 8×8LED 点阵显示模块，其中 P0 口接行线，P2 口接列线，编程实现在 8×8LED 点阵上显示循环左、右移动的柱形、静止字符和滚动字符。

1．硬件电路制作

（1）电路原理图

根据系统实现的功能，硬件电路主要包括复位、晶振及点阵显示电路。如图 4-7 所示。

LED 点阵显示电路：为使电路和程序简单，采用一片 8×8 LED 点阵显示模块。

由于本项目是一个 8×8 LED 点阵显示电路，电路接口较少，也比较简单，所以我们考虑将单片机的 P2 口通过 74LS244 连接到点阵模块区域中的 DC1～DC8 端口上；将 P0 口直接连接到点阵模块区域中的 DR1～DR8 端口上。

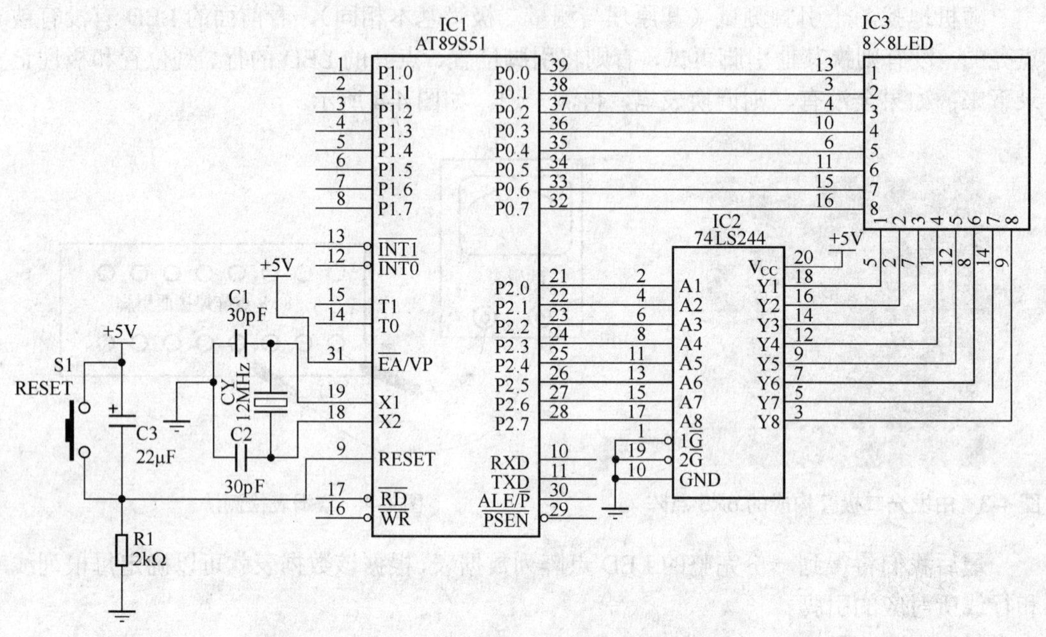

图 4-7　8×8 LED 点阵显示电路原理图

（2）元器件清单

LED 点阵显示电路元器件清单如表 4-1 所示。

表 4-1　　LED 点阵显示电路元器件清单

代　号	名　称	实 物 图	规　格
R1	电阻		2kΩ
C1、C2	瓷介电容		30pF
C3	电解电容		22μF
S1	轻触按键		
CY	晶振		12MHz
IC1	单片机		AT89S51
	IC 插座		40 脚
IC2	单向总线驱动		74LS244
IC3	8×8LED 点阵		红色 $\phi 5$

（3）电路制作

LED 点阵显示电路装接图如图 4-8 所示。

注意：点阵模块的引脚较多，引脚排序复杂，连线时一定要注意。

（4）电路的调试

通电之前先用万用表检查各种电源线与地线之间是否有短路现象。

给硬件系统加电，不插入单片机，用一根导线，一端接地，另一端分别接触 IC 插座的 32～39 脚，用另一根导线，一端接+5V，另一端分别接触 IC 插座的 21～28 脚，观察点阵模块中每个二极管是否正常发光。

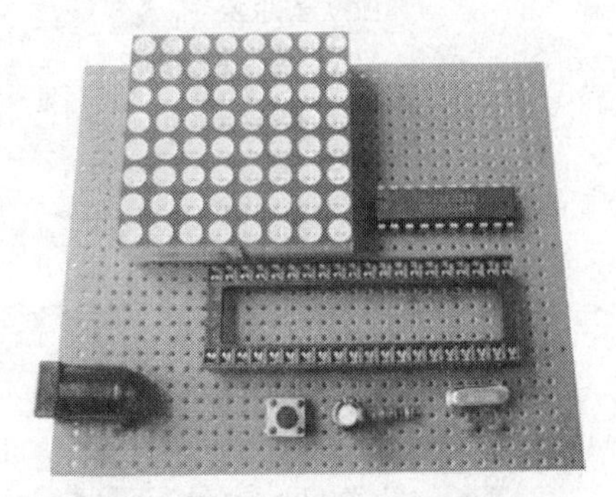

图 4-8　LED 点阵显示电路装接图

2．程序编写

（1）循环移动的柱形

其效果如图 4-9 所示。

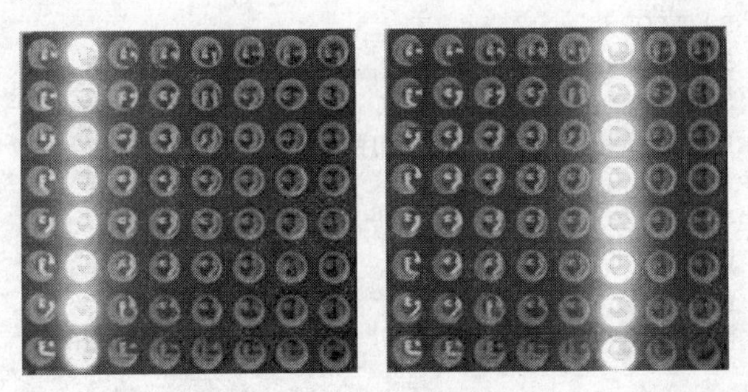

图 4-9　循环移动的柱形

如何能在 8×8 LED 点阵上显示一个竖立的柱形，并让其先从左到右平滑移动两次，然后再从右到左平滑移动两次，而且如此循环下去呢？我们看看如图 4-2 所示的 8×8 LED 点阵的电路图就明白了。

从图中可以看出，8×8 点阵共由 64 个发光二极管组成，且每个发光二极管是放置在行线和列线的交叉点上，当对应的 DC 端置“1”电平，而某一 DR 端置“0”电平，则相应的二极管就亮；对应的一列为一根竖柱，或者对应的一行就为一根横柱，因此要实现一根柱形的点亮。其方法如下所述：

一根竖柱：对应的列置“1”，而行则采用扫描的方法来实现。

一根横柱：对应的行置“0”，而列则采用扫描的方法来实现。

参考程序：

```
START:  NOP
        MOV R3,#2                ;设定循环次数
LOOP2:  MOV R4,#8
        MOV R2,#0                ;查表指针初值
LOOP1:  MOV P2,#0FFH             ;将 P2 口全部送“1”
        MOV DPTR,#TAB            ;指向表地址
```

```
        MOV A,R2
        MOVC A,@A+DPTR          ;查表
        MOV P0,A                ;将查表的结果送入 P0 口
        INC R2                  ;查表指针加 1，准备查下一个数据
        LCALL DELAY             ;调用延时程序，延时
        DJNZ R4,LOOP1           ;判断是否全保护显示完
        DJNZ R3,LOOP2           ;循环
        MOV R3,#2
LOOP4:  MOV R4,#8
        MOV R2,#7               ;查表指针初值
        LOOP3:  MOV P2,#0FFH    ;将 P2 口全部送“1”
        MOV DPTR,#TAB           ;指向表地址
        MOV A,R2
        MOVC A,@A+DPTR          ;查表
        MOV P0,A                ;将查表的结果送入 P0 口
        DEC R2                  ;查表指针减 1，准备查下一个数据
        LCALL DELAY             ;延时
        DJNZ R4,LOOP3
        DJNZ R3,LOOP4
        LJMP START
DELAY:  MOV R5,#10              ;延时程序
D2:     MOV R6,#20
D1:     MOV R7,#250
        DJNZ R7,$
        DJNZ R6,D1
        DJNZ R5,D2
        RET
TAB:    DB 0FEH,0FDH,0FBH,0F7H,0EFH,0DFH,0BFH,07FH
        END
```

（2）显示静止字符

显示汉字一般最少需要 16×16 或更高的分辨率。我们可以先使用 8×8 的点阵模块，编写一个显示静止字符“2”的程序。其效果如图 4-10 所示。

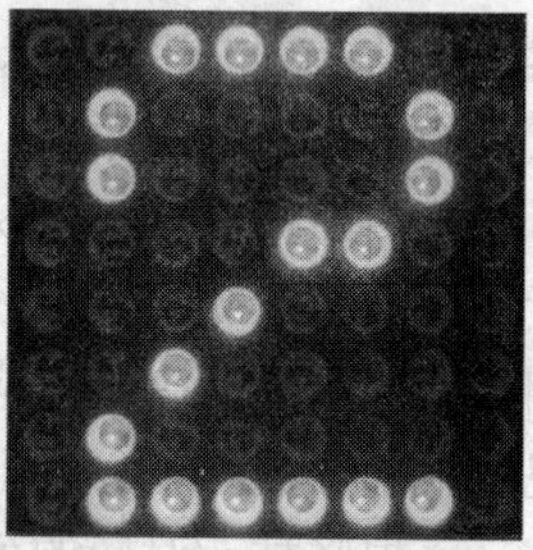

图 4-10 静止的字符“2”

首先，我们可以先利用字模生成软件，生成字符“2”的行码表。

这里，我们通过循环移位指令和查行码表指令，使程序简短明了。

参考程序：

```
START:  MOV R2,#00H             ;循环计数
        MOV R3,#01H             ;00000001B 用于循环左移扫描
XIAN:   MOV A,R2                ;计数初值送给 A
        MOV DPTR,#TAB           ;指向表地址
        MOVC A,@A+DPTR          ;查表
        MOV P0,A                ;送字
```

```
            MOV A,R3
            MOV P2,A                 ;扫描列
            ACALL DELAY              ;调用延时程序，延时
            RL A                     ;循环左移
            MOV R3,A
            INC R2
            CJNE R2,#08H,XIAN
            MOV R2,#00H
            AJMP START
DELAY:      MOV R7,#0FFH             ;延时程序
LOOP:       DJNZ R7,LOOP
            RET
TAB:        DB 0FFH,9CH,7AH,76H,6EH,6EH,9EH,0FFH    ;字符“2”的行码表
            END
```

（3）显示滚动字符

一个8×8的点阵模块只能显示一个字符，我们若要显示更多的字符，可以采取使字符左右滚动或上下滚动显示的方法。这里我们编写一个向左滚动显示字符“23”的程序，其效果如图4-11所示。

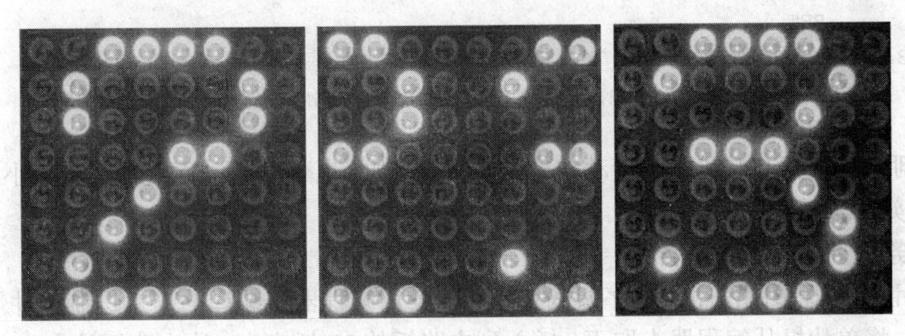

图4-11　滚动的字符“23”

要使显示的内容滚动，我们可以使用一个变量，在查行码表时，不断改变每一列所对应的行码，产生滚动效果。比如，第一次显示时，第一列对应第一列的行码，第二次显示时，第一列对应第二列的行码。

参考程序：

```
            ORG 0000H
            LJMP START
START:      MOV 30H,#00H             ;初始时从表中第一个行码取起
MAIN:       MOV R6,#7FH              ;循环次数，决定滚动快慢
GOON:       LCALL DISP
            DJNZ R6,GOON
            MOV A,30H
            INC A                    ;第一列对应的表中的行码数加1
            MOV 30H,A
            CJNE A,#08H,MAIN         ;第二个字符没显示完，继续滚动
            MOV 30H,#00H             ;重新从第一个字符开始
            LJMP MAIN
```

```
DISP:   MOV R2,30H                  ;循环计数
        MOV R0,#08H                 ;每次取 8 个行码显示
        MOV R3,#01H                 ;00000001B 用于循环左移扫描
XIAN:   MOV A,R2                    ;计数初值送给 A
        MOV DPTR,#TAB               ;指向表地址
        MOVC A,@A+DPTR              ;查表
        MOV P0,A                    ;送字
        MOV A,R3
        MOV P2,A                    ;扫描列
        ACALL DELAY                 ;调用延时程序，延时
        RL A                        ;循环左移
        MOV R3,A
        INC R2
        DJNZ R0,XIAN
        MOV R0,#08H
        RET
DELAY:  MOV R7,#0FFH                ;延时程序
LOOP:   DJNZ R7,LOOP
        RET
TAB:    DB 0FFH,9CH,7AH,76H,6EH,6EH,9EH,0FFH      ;字符"2"的行码表
        DB 0FFH,0BDH,7EH,6EH,6EH,56H,0B9H,0FFH    ;字符"3"的行码表
        END
```

说明：使字符左右或上下滚动的方法很多，比如，也可以通过逐次增加或减小 DPTR 的值来实现。

任务三　程序调试与烧写

使用仿真器调试程序。程序调试完成后，使用编程器将编译的十六进制文件烧写入单片机，将单片机从编程器上取下，插入到电路板的 IC 插座上，给电路板接上 5V 电源，观察电路运行情况。

二、项目基本知识

知识点一　点阵显示模块的结构及引脚

点阵显示是将多个发光二极管以矩阵的方式排成一个功能器件，其中以 8×8 的点阵显示器使用的最多，其 64 个点可以比较清楚地显示一些简单图形和字符。要想显示更加美观的图形和汉字，则至少需要 16×16 的点阵或点数（分辨率）更高的点阵，如图 4-12 所示，一般这些点阵也都是由 8×8 点阵模块组合起来的。

图 4-12　16×16 点阵显示的图形和汉字

下面我们以 8×8 点阵显示模块为例来讲解点阵模块的结构及使用。

要想让点阵显示器显示字符、文字等内容，就必须要弄清楚点阵显示块的电路结构，只有了解了这些之后，你才能够知道用什么方法来控制它。

点阵显示器的电路连接图有共阴极和共阳极两种。图 4-13 所示为共阴极接法，每一行由 8 个 LED 组成，它们的阴极都连接在一起，每一列也是由 8 个 LED 组成，它们的阳极都连接在一起，行接负、列接正，则其对应的 LED 就会发亮；图 4-14 所示为共阳极接法，每一行由 8 个 LED 组成，它们的阳极都连接在一起，每一列也是由 8 个 LED 组成，它们的阴极都连接在一起，行接正、列接负，则其对应的 LED 就会发亮。

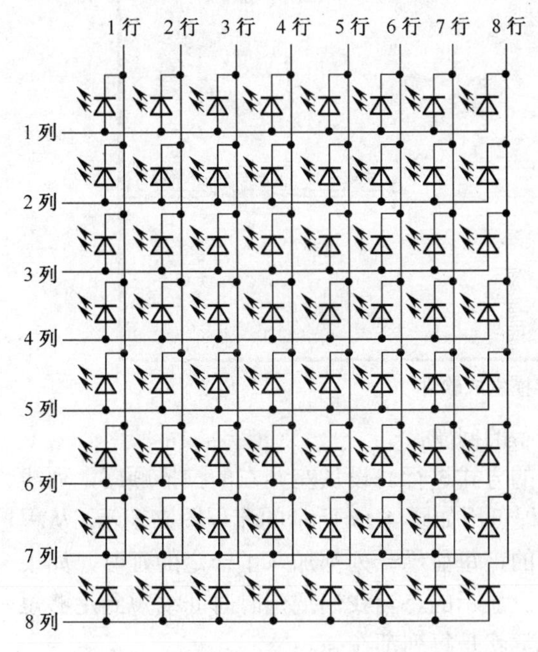

图 4-13　为共阴极 8×8 点阵内部结构图

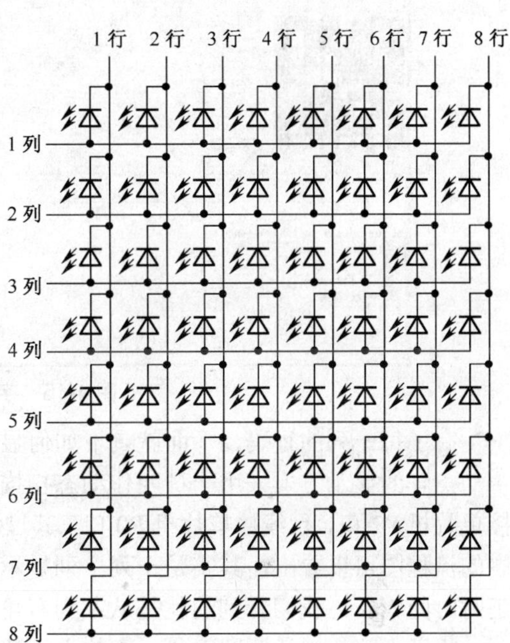

图 4-14　共阳极 8×8 点阵内部结构图

我们可以把每一个点理解为一个像素，而把每一个字的字形理解为一幅图像。事实上，这个 8×8 点阵显示屏不仅可以显示字符，还可以显示在 64 像素范围内的任何图形。

知识点二　点阵显示电路的显示方式及编程

汉字符号的编码有如下方式。

要想显示字符，我们首先需要确定所显示字符的行码，即对应某一列的 8 根行线的电平值。其确定方法如图 4-15 所示。比如，我们要显示字符“2”，步骤为：首先在纸上画出 8×8 共 64 个圆圈，然后将需要显示的笔画处的圆圈涂黑，最后再逐列确定其所对应的十六进制数。比如，第二列的亮灭为（由高位到低位，低电平亮，高电

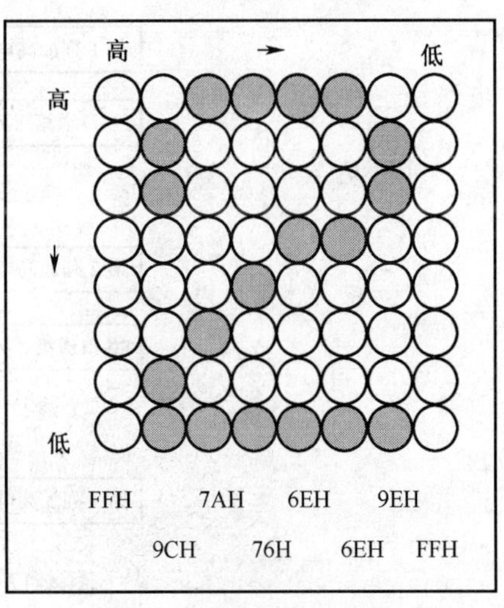

图 4-15　确定行码的方法

平灭）：灭亮亮灭灭灭亮亮，其对应的二进制为 10011100B，对应的十六进制为 9CH。

如果觉得这种方法太麻烦，这里告诉你一个方法，我们可以从网上下载一个字模生成软件，只要输入要显示的字符，点击“生成字模”就可以显示各行码并自动创建一个行码表。如图 4-16 所示。

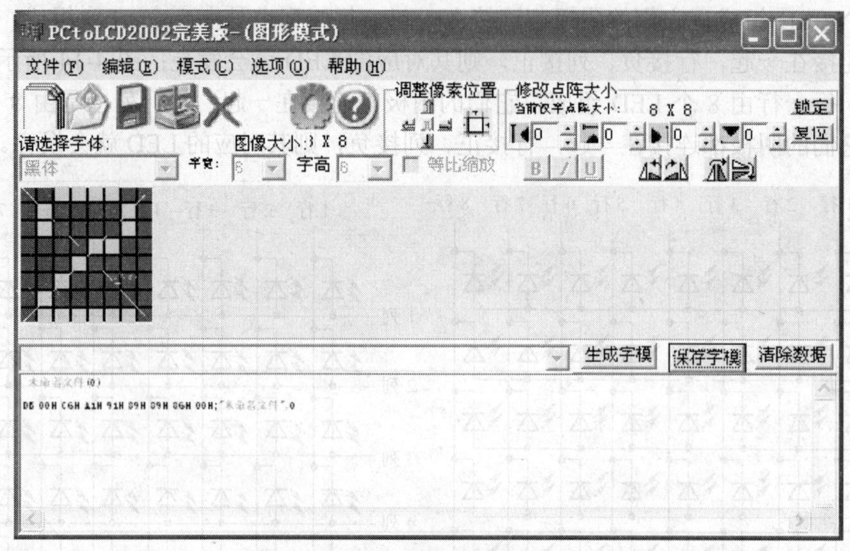

图 4-16　字模生成软件

有了每一列的行码，下面就剩下如何显示的问题。

点阵的显示方式采用一种叫作动态扫描的方式进行。设从左到右的扫描顺序，列线接单片机 P2 口，行线接单片机 P0 口，其过程可用如图 4-17 所示的流程图来表示。从程序的流程图可以看出，其实是一列一列显示的，每显示一列都加入了一定的延时，如果延时时间较长，我们看到的就是从左到右轮流显示的，当我们把延时时间缩短到足够短时，由于人眼的视觉暂留现象，人的主观感觉就是每列都在亮。

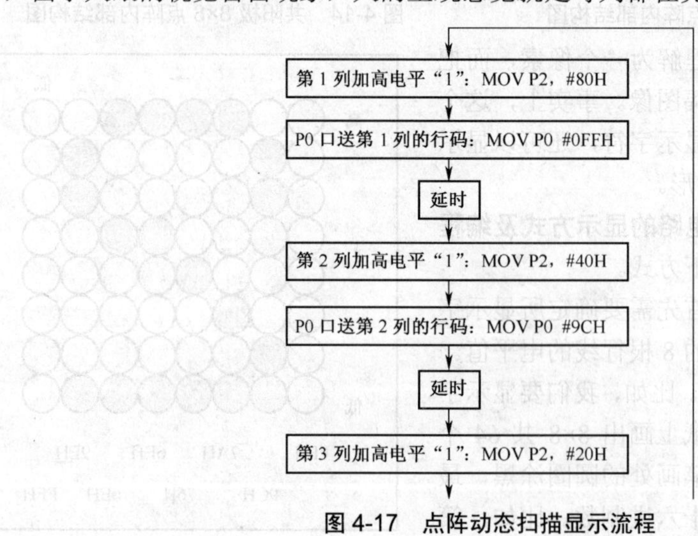

图 4-17　点阵动态扫描显示流程

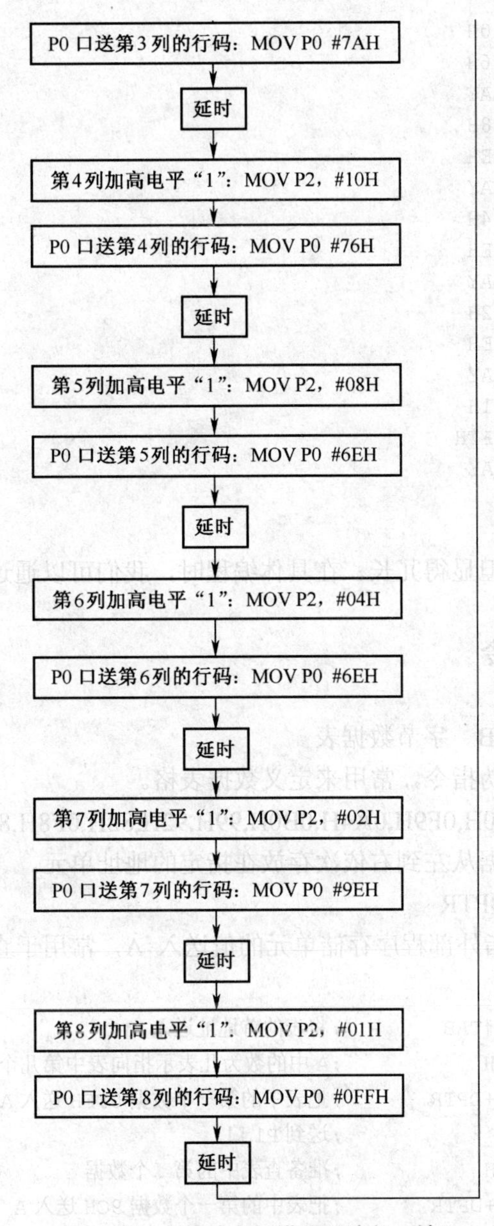

图 4-17　点阵动态扫描显示流程（续）

实现程序：

```
MAIN:   MOV P2,#80H
        MOV P0,#0FFH
        LCALL DELAY
        MOV P2,#40H
        MOV P0,#9CH
        LCALL DELAY
        MOV P2,#20H
        MOV P0,#7AH
        LCALL DELAY
```

```
        MOV P2,#10H
        MOV P0,#76H
        LCALL DELAY
        MOV P2,#08H
        MOV P0,#6EH
        LCALL DELAY
        MOV P2,#04H
        MOV P0,#6EH
        LCALL DELAY
        MOV P2,#02H
        MOV P0,#9EH
        LCALL DELAY
        MOV P2,#01H
        MOV P0,#0FFH
        LCALL DELAY
        LJMP MAIN
        END
```

该程序思路清晰，但显得冗长。在具体编程时，我们可以通过循环程序和查行码表指令，使程序大大缩短。

知识点三　相关指令

1．DB

格式：[标号：]　DB　字节数据表

用来定义字节数据伪指令，常用来定义数据表格。

如：CHAR:DB 0C0H,0F9H,0A4H,0B0H,99H,92H,82H,0F8H,80H,90H ;表示从标号CHAR开始的地方将数据从左到右依次存放在指定的地址单元。

2．MOVC A,@A+DPTR

把“A+DPTR”所指外部程序存储单元的值送入 A，常用于查找存放在程序存储器中的表格的数据。例如：

```
DISP:   MOV DPTR,#TAB          ;将表的首地址送入DPTR
        MOV A,#00H             ;A中的数为几表示指向表中第几个数据
        MOVC A,@A+DPTR         ;把表中的第一个数据0FFH送入A
        MOV P1,A               ;送到P1口
        MOV A,#01H             ;准备查表中的第二个数据
        MOVC A,@A+DPTR         ;把表中的第一个数据9CH送入A
        MOV P1,A               ;送到P1口
        RET
TAB:    DB 0FFH,9CH,7AH,76H,6EH,6EH,9EH,0FFH    ;字符"2"的行码表
```

项目学习评价

一、技能反复训练与测试

根据本项目硬件电路，编写相应实现显示各种静止的字符和滚动显示的字符的程序。

二、自我评价、小组评价及教师评价

评价项目	项目评价内容	分值	自我评价	小组评价	教师评价	得分
理论知识	① 掌握共阳极、共阴极点阵的特点	5				
	② 叙述点阵显示的原理	5				
	③ 实现点阵显示编程的主要方法	15				
实操技能	① 测量出共阳极、共阴极点阵	10				
	② 测出点阵的各个引脚	10				
	③ 动手组装本项目	10				
	④ 程序的调试与烧写	10				
安全文明生产	① 正确使用万用表	5				
	② 工具的使用及放置	5				
	③ 卫生的保持情况	5				
学习态度	① 出勤情况	5				
	② 实验室纪律	5				
	③ 团队协作精神	10				

三、个人学习总结

成功之处	
不足之处	
改进方法	

项目五　地震报警器的制作

项目情境创设

震惊世界的四川汶川 8 级特大地震，造成了大量的人员伤亡。人们在悲痛之余反思，当大地震来临之时，由于人的感觉、反应迟缓，失去了最佳逃生的机会。有关资料显示，地震刚刚发生的 3 秒左右，房屋先是颠簸摇晃，继而才是倒塌，造成人员伤亡。如若在地震发生的 1 秒内，有地震报警器，让人们知道是地震，而争取在夺命的几秒内尽快设法逃生，就会大大减少地震带来的重大灾难。

项目学习目标

项目学习目标		学 习 方 式	学　时
技能目标	① 掌握地震检测装置的制作。 ② 掌握地震报警器的制作及编程	学生实际制作，教师指导调试和维修	4 课时
知识目标	① 理解中断及相关知识。 ② 会使用外部中断。 ③ 掌握中断处理程序的编程方法	教师讲授重点：中断概念及中断处理程序的编程方法；外部中断的使用	4 课时

项目基本功

一、项目基本技能

任务一　地震报警器的制作

任务要求：将地震检测装置检测到的地震信号送入 CPU，CPU 驱动蜂鸣器和发光二极管产生声、光报警。

1．硬件电路制作

（1）电路原理图

本报警器在地震到来时能够产生声、光报警，电路简单，适合家庭作地震报警用。硬件电路主要由地震检测装置、CPU 和声、光产生电路组成，如图 5-1 所示。

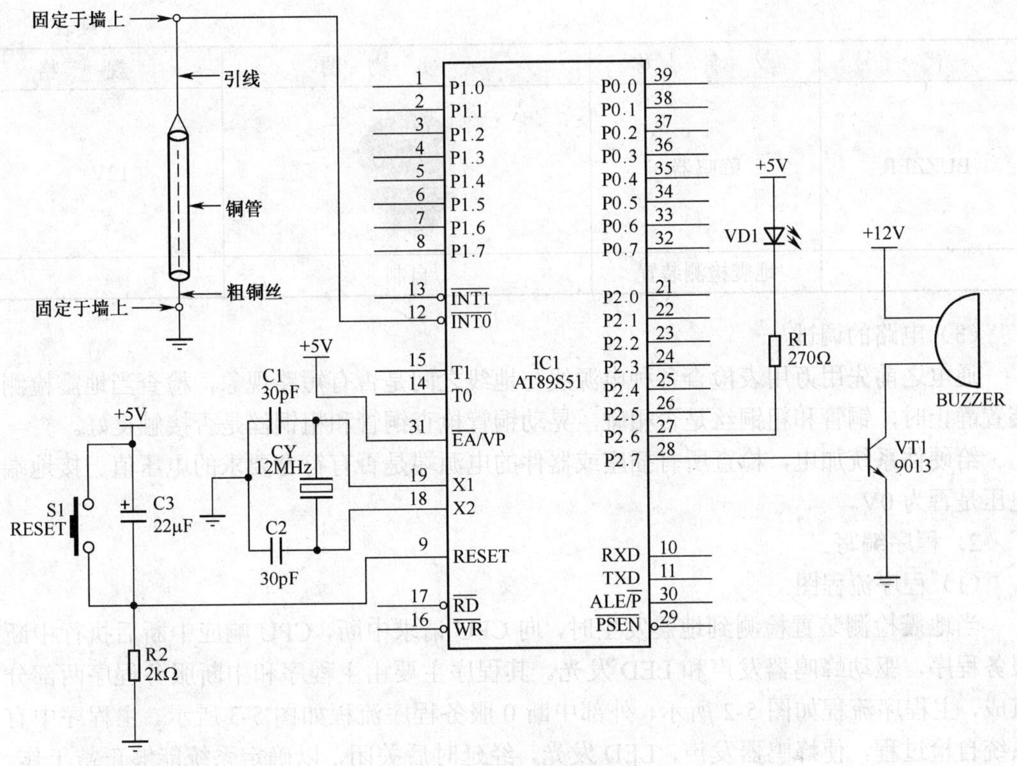

图 5-1　地震报警器电路

（2）制作要点及元器件清单

地震检测装置的制作方法：找一根长 20cm、内径 4mm，导电良好的铜管，一端焊上一根长约 1m 的导线，固定在墙上。再找一段 15cm 长的粗铜丝，也焊上一根引线，将粗铜丝插入铜管内 1/2 左右，另一端也固定在墙上，并使当铜管不动时，粗铜丝恰好不与铜管相碰。

家用报警器电路部分元器件清单如表 5-1 所示。

表 5-1　　家用报警器电路元器件清单

代　号	名　称	实 物 图	规　格
R1	电阻		270Ω
R2	电阻		2kΩ
C1、C2	瓷介电容		30pF
C3	电解电容		22μF
S1	轻触按键		
CY	晶振		12MHz
IC1	单片机		AT89S51
	IC 插座		40 脚
VD1	发光二极管		红色 $\phi 5$
VT1	三极管		9013

续表

代　号	名　称	实 物 图	规　格
BUZZER	蜂鸣器		12V
	地震检测装置	自制	

（3）电路的调试

通电之前先用万用表检查各种电源线与地线之间是否有短路现象，检查当地震检测装置静止时，铜管和粗铜丝是否相碰，晃动铜管检查铜管和粗铜丝是否接触良好。

给硬件系统加电，检查所有插座或器件的电源端是否有符合要求的电压值、接地端电压是否为 0V。

2．程序编写

（1）程序流程图

当地震检测装置检测到地震发生时，向 CPU 请求中断，CPU 响应中断后执行中断服务程序，驱动蜂鸣器发声和 LED 发光。其程序主要由主程序和中断服务程序两部分组成，主程序流程如图 5-2 所示，外部中断 0 服务程序流程如图 5-3 所示。主程序中有系统自检过程，使蜂鸣器发声，LED 发光，经延时后关闭，以确定系统能够正常工作。

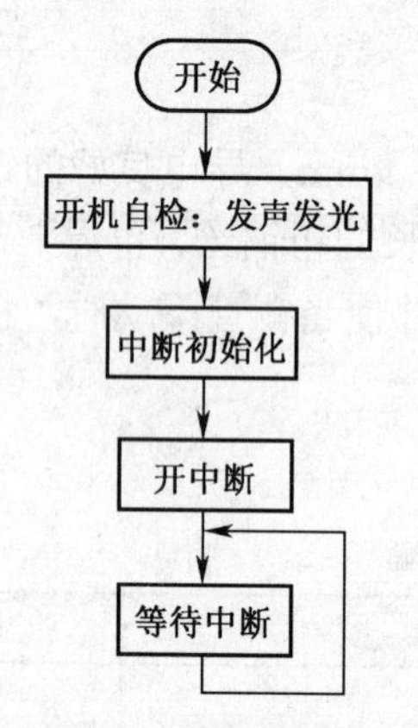

图 5-2　主程序流程图

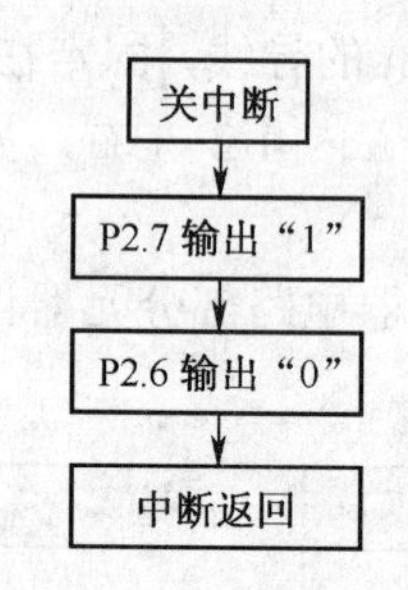

图 5-3　外部中断 0 服务程序流程图

虽然在地震过程中，地震检测装置时断时通，但是 CPU 一旦响应中断，就会使报警器一直报警。按复位键可以解除报警。

（2）参考程序

```
ORG 0000H           ;复位入口地址
LJMP START          ;转移到程序初始化部分 START
ORG 0003H           ;外部中断 0 入口地址
LJMP WAI0           ;转移到外部中断 0 的服务程序 WAI0
ORG 0030H
```

```
START:  SETB P2.6          ;开机自检
        CLR P2.7
        LCALL DELAY        ;调延时子程序
        SETB IT0           ;中断方式为边沿触发方式
        SETB EA            ;开总中断
        SETB EX0           ;开外部中断 0
MAIN:   SJMP $             ;主程序并不执行任何任务，只是等待中断
                           ;延时子程序
DELAY:  MOV R7,#250
LOOP:   MOV R6,#250
        DJNZ R6,$
        DJNZ R7,LOOP
        RET
                           ;外部中断服务程序
WAI0:   CLR EX0            ;禁止中断
        CLR P2.6           ;点亮发光二极管
        SETB P2.7          ;驱动蜂鸣器发声
        RETI               ;中断返回
        END
```

任务二 程序调试与烧写

使用仿真器调试程序。程序调试完成后，使用编程器将编译的十六进制文件烧写入单片机，将单片机从编程器上取下，插入电路板的IC插座，给电路板接上5V电源，观察电路运行情况。

二、项目基本知识

知识点一 MCS-51单片机中断系统

1. 中断系统概述

什么是中断，我们从一个生活中的例子引入：你正在家中看书，突然门铃响了，你放下书，去开门，处理完事情后，回来继续看书；突然手机响了，你又放下书，去接听电话，通完话后，回来继续看书。这是生活中的“中断”的现象，就是正常的工作过程被外部的事件打断了。可以引起中断的事情称为中断源。单片机中也有一些可以引起中断的事件，MCS-51单片机中一共有5个中断：两个外部中断，两个定时/计数器中断，一个串行口中断。

如果门铃和手机二者同时响起，你就会优先选择一个处理，这里存在一个优先级的问题，单片机中也是如此，也有优先级的问题。如果同时存在两个中断，通常设定一个重要的优先处理，即优先级高。

当有事情发生，处理之前我们通常会拿一个书签放在当前页的位置，然后去处理不同的事情（因为处理完了，我们还要回来继续看书）。门铃响我们要到门那边去，手机铃响我们要到放手机的地方去，也说是不同的中断，我们要在不同的地点处理，而这个地点通常还是固定的。计算机中也是采用的这种方法，5个中断源，每个中断产生后都到一个固定的地方去找处理这个中断的程序，当然，在去找程序之前首先要

保存下面将执行的指令的地址，以便处理完中断后回到原来的地方继续往下执行程序。

具体地说，中断响应可以分为以下几个步骤：① 保护断点，即保存下一个将要执行的指令的地址，就是把这个地址送入堆栈。② 寻找中断入口，根据 5 个不同的中断源所产生的中断，查找 5 个不同的入口地址。以上工作是由计算机自动完成的，与编程者无关。在这 5 个入口地址处存放有中断处理程序（这是程序编写时放在那儿的，如果没把中断程序放在那儿，就错了，中断程序就不能被执行到）。③ 执行中断处理程序。④ 中断返回。执行完中断指令后，就从中断处返回到主程序，继续执行。

2．单片机的中断系统

MCS-51 中断系统的结构框图如图 5-4 所示。由图可知，中断系统由 5 个中断请求源，4 个用于中断控制的寄存器 TCON、SCON、IE 和 IP 来控制中断类型、中断的开关和各种中断源的优先级确定。

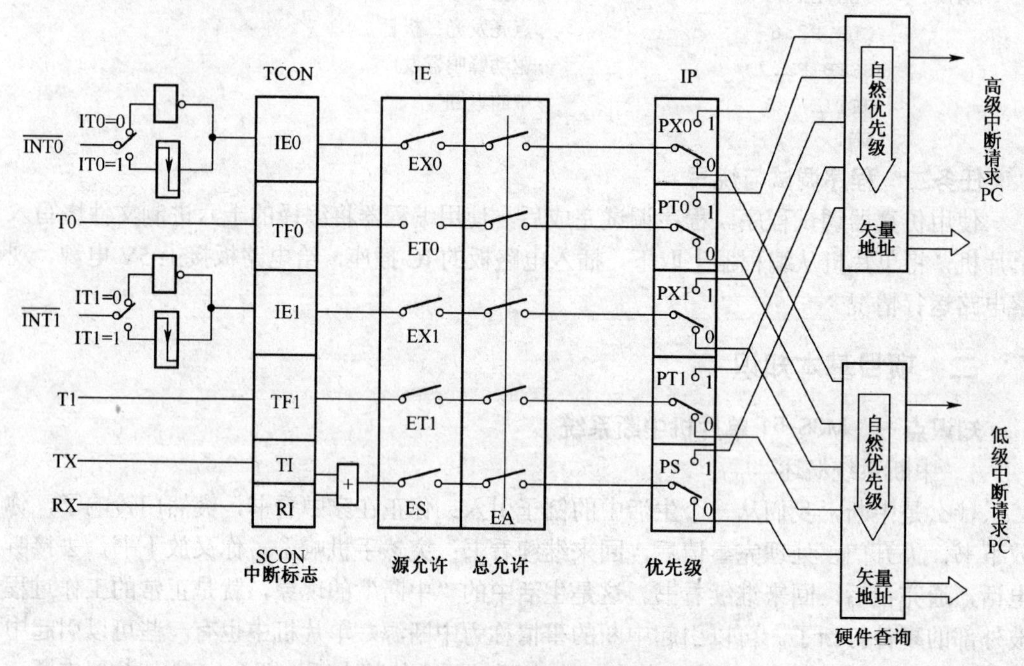

图 5-4　MCS-51 中断系统内部结构示意图

（1）中断源

① 外部中断请求源：即外部中断 0 和 1，经由外部引脚引入，在单片机上有两个引脚，名称为 $\overline{\text{INT0}}$ 、$\overline{\text{INT1}}$，也就是 P3.2、P3.3 这两个引脚。

② 内部中断请求源

TF0：定时器 T0 的溢出中断标记，当 T0 计数产生溢出时，由硬件置位 TF0。当 CPU 响应中断后，再由硬件将 TF0 清零。

TF1：与 TF0 类似。

TI、RI：串行口发送、接收中断。

（2）中断标志

TCON 寄存器中的中断标志。

INT0、INT1、T0、T1 中断请求标志存放在 TCON 中，如表 5-2 所示。

表 5-2　TCON 寄存器结构和功能

TCON 位	D7	D6	D5	D4	D3	D2	D1	D0
位名称	TF1	TR1	TF0	TR0	IE1	IT1	IE0	IT0
功能	T1 中断标志	T1 启动控制	T0 中断标志	T0 启动控制	INT1 中断标志	INT1 触发方式	INT0 中断标志	INT0 触发方式

IT0：INT0 触发方式控制位，可由软件进行置位和复位。IT0=0，INT0 为低电平触发方式；IT0=1，INT0 为负跳变触发方式。

IE0：INT0 中断请求标志位。当有外部的中断请求时，这位就会置“1”（这由硬件来完成），在 CPU 响应中断后，由硬件将 IE0 清零。

IT1、IE1 的用途和 IT0、IE0 相同。

TF0：定时器 T0 的溢出中断标记，当 T0 计数产生溢出时，由硬件置位 TF0。当 CPU 响应中断后，再由硬件将 TF0 清零。TF1 与 TF0 类似。

（3）中断允许寄存器 IE

在 MCS-51 中断系统中，中断的允许或禁止是由片内可进行位寻址的 8 位中断允许寄存器 IE 来控制的。IE 的格式如表 5-3 所示：

表 5-3　IE 寄存器格式

IE 位	D7	D6	D5	D4	D3	D2	D1	D0
位名称	EA	—	—	ES	ET1	EX1	ET0	EX0
功能	中断总控位	—	—	开串行口中断	开 T1 中断	开 INT1 中断	开 T0 中断	开 INT0 中断

其中 EA 是总开关，如果它等于 0，则所有中断都不允许。

ES——串行口中断允许。

ET1——定时器 1 中断允许。

EX1——外部中断 1 中断允许。

ET0——定时器 0 中断允许。

EX0——外部中断 0 中断允许。

如果我们要设置允许外部中断 1，允许定时器 1 中断，其他不允许，则 IE 各位如表 5-4 所示。

表 5-4　IE 各位显示内容

EA			ES	ET1	EX1	ET0	EX0
1	0	0	0	1	1	0	0

即 8CH，当然，我们也可以用位操作指令来实现：

```
SETB EA
SETB ET1
SETB EX1
```

（4）5 个中断源的自然优先级与中断服务入口地址

5 个中断源的自然优先级与中断服务入口地址如表 5-5 所示。

表 5-5　　5 个中断源的自然优先级与中断服务入口地址

中断源	外中断 0	定时器 0	外中断 1	定时器 1	串　　口
中断入口地址	0003H	000BH	0013H	001BH	0023H

它们的自然优先级从左向右依次降低。前面有一些程序一开始我们这样写：

```
          ORG 0000H
          LJMP MAIN
          ORG 0030H
MAIN:     …
```

这样写的目的，就是为了让出中断源所占用的入口地址。在程序中没用中断时，直接从 0000H 开始写程序，在原理上并没有错，但在实际中最好不这样做。

（5）中断优先级

中断优先级由中断优先级寄存器 IP 来高置，IP 中某位设为 1，相应的中断就是高优先级，否则就是低优先级。IP 格式如表 5-6 所示。

表 5-6　　IP 寄存器格式

IP 位	D7	D6	D5	D4	D3	D2	D1	D0
位名称				PS	PT1	PX1	PT0	PX0
中断源				串行口	T1	$\overline{\text{INT1}}$	T0	$\overline{\text{INT0}}$

当系统复位后，IP 低 5 位全部清零，所有中断源均设定为低优先级中断。

3．中断初始化及中断服务程序结构

中断控制实质上是对 4 个与中断有关的特殊功能寄存器 TCON、SCON、IE 和 IP 进行管理和控制，具体实施如下。

① CPU 的开、关中断。

② 具体中断源中断请求的允许和禁止（屏蔽）。

③ 各中断源优先级别的控制。

④ 外部中断请求触发方式的设定。

中断管理和控制程序一般都包含在主程序中，根据需要通过几条指令来完成。中断服务程序是一种具有特定功能的独立程序段，可根据中断源的具体要求进行服务。下面通过实例来说明其具体应用。

例 5.1　要求仅用 $\overline{\text{INT0}}$ 和 $\overline{\text{INT1}}$ 这两根外部中断线对两个外界随机事件作中断处理（下降沿有效），其他中断源均不允许响应中断，且要求 $\overline{\text{INT1}}$ 的中断要优先于 $\overline{\text{INT0}}$ 的中断，试对 TCON、IE 和 IP 作相应的初始化编程设定。

解：① 对 TCON 的设定。应置 TCON 中 IT0 和 IT1 为“1”，即采用边沿触发方式。

```
指令：  SETB IT0
        SETB IT1
或      MOV TCOM，#05H
```

② 对 IE 的设定。只允许 $\overline{INT0}$ 和 $\overline{INT1}$ 可响应中断，而其他 3 个中断源均不允许响应中断，应使 IE 中的允许控制位 EA、EX0 和 EX1 为“1”，其他为“0”，即 IE=10000101B= 85H。

```
指令：  SETB EA
        SETB EX1
        SETB EX0
        CLR ES
        CLR ET1
        CLR ET0
或      MOV IE，#85H
```

③ 对 IP 的设定。要求 $\overline{INT1}$ 中断优先于 $\overline{INT0}$ 中断，应设定 $\overline{INT1}$ 为高级中断，$\overline{INT0}$ 为低级中断，应使 IP 中 PX1 为“1”，PX0 为“0”，即 IP＝00000100B＝04H。

```
指令：  SETB PX1
        CLR PX0
或      MOV IP，#04H
```

例 5.2 在图 5-5 所示电路中，当开关接通时，单脉冲发生器可模拟外部中断的中断请求，在 AT89S51 单片机的 P2.0 和 P2.1 端口各接一只 LED 发光二极管，当无外部中断时，P2.0 端口的 LED 发光，有外部中断时，P2.1 端口的 LED 发光，请编程实现。

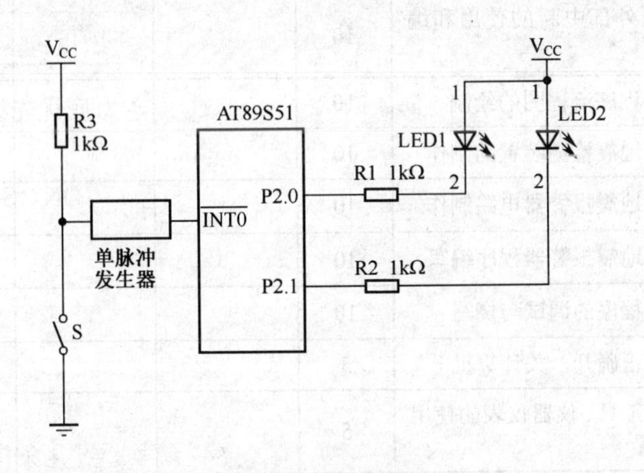

图 5-5 LED 亮灭中断控制系统

在图 5-5 中，$\overline{INT0}$ 平时为高电平，每当开关 S 接通时，单脉冲发生器就输出一个负脉冲加到 $\overline{INT0}$ 上，产生中断请求信号。CPU 响应 $\overline{INT0}$ 中断后，进入中断服务子程序，使 P2.1 端口的 LED 发光。程序如下：

```
        ORG 0000H
        AJMP MAIN                ;转主程序
```

```
        ORG 0003H
        AJMP INT0          ;转 INT0 中断服务程序
        ORG 0030H
MAIN:   ANL P2,#00H        ;熄灭两只 LED
        MOV IE,#00H        ;关中断
        CLR IT0            ;设置 INT0 为电平触发方式
        SETB EA            ;开中断
        SETB EX0           ;允许 INT0 中断
LOOP:   MOV P2,#01H        ;P2.0 端口的 LED 发光
        SJMP LOOP
INT0:   LCALL DELAY        ;延时（延时程序本例省略）
        MOV P2,#20H        ;P2.1 端口的 LED 发光
        RETI               ;中断返回
        END
```

知识点二　相关指令

RETI 表示中断返回指令。

项目学习评价

一、自我评价、小组评价及教师评价

评价项目	项目评价内容	分值	自我评价	小组评价	教师评价	得分
理论知识	① 中断概念及中断处理程序的编程方法	10				
	② 外部中断的使用和编程	10				
	③ 程序流程图的绘制	10				
实操技能	① 地震检测装置的制作	10				
	② 地震报警器电路制作	10				
	③ 地震报警器程序编写	10				
	④ 程序的调试与烧写	10				
安全文明生产	① 正确开、关计算机	5				
	② 工具、仪器仪表的使用及放置	5				
	③ 实验台的整理和卫生的保持	5				
学习态度	① 出勤情况	5				
	② 实验室纪律	5				
	③ 团队协作精神	5				

二、个人学习总结

成功之处	
不足之处	
改进方法	

项目六　电子时钟的制作

项目情境创设

我们见过各种各样的时钟，有的数字时钟除了计时外还有很多功能，它可以完成很多与时间有关的控制，如定时开、关机，微电脑控制打铃仪等。下面我们就来动手制作一个单片机电子时钟。

项目学习目标

项目学习目标		学习方式	学时
技能目标	① 掌握一秒定时电路的制作与编程。 ② 掌握数码显示电路的制作与编程。 ③ 掌握电子时钟电路的制作与编程	学生实际制作，教师指导调试和维修	6 课时
知识目标	① 了解数码管的结构，掌握数码管接口方式和编程方法。 ② 了解键盘工作原理，掌握独立式按键的接口方式和编程。 ③ 了解定时器的相关知识，掌握定时器的应用与编程	教师讲授重点：数码管编程方法；独立式按键的处理和编程；定时器的应用与编程	4 课时

项目基本功

一、项目基本技能

任务一　一秒定时闪烁电路的制作

任务要求：单片机的 P2.0 作输出口，接一个 LED 发光二极管，通过编程实现发光二极管以 1s 为周期，亮 0.5s，灭 0.5s。

1．硬件电路制作

（1）电路原理图

一秒定时闪烁电路如图 6-1 所示。时钟电路选用 6MHz 晶振，CPU 采用 AT89S51。发光二极管接在 P2.0 端口上，P2.0 为高电平灭、低电平亮。其亮灭时间可以利用软件延时和定时器中断两种方法控制，本例采用定时器中断的方法。让发光二极管每一秒亮一次，秒脉冲的周期 T=1s，每隔 0.5s 将 P2.0 端口取反即可。

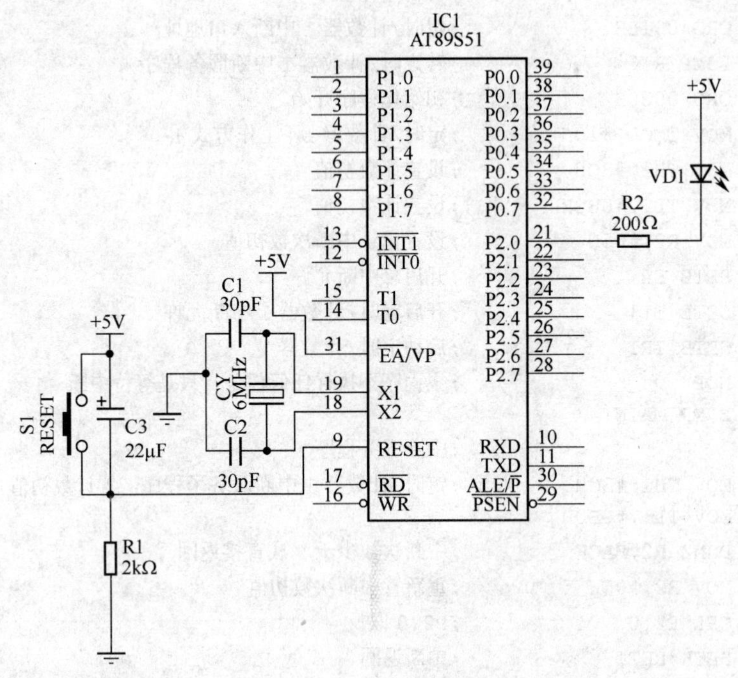

图 6-1　一秒定时闪烁电路

（2）元器件清单

一秒定时闪烁电路元器件清单如表 6-1 所示。

表 6-1　一秒定时闪烁电路元器件清单

代　号	名　称	规　格
R1	电阻	2kΩ
R2	电阻	200Ω
C1、C2	瓷介电容	30pF
C3	电解电容	22μF
S1	轻触按键	
CY	晶振	6MHz
IC1	单片机	AT89S51
	IC 插座	40 脚
VD1	发光二极管	红色 $\phi 5$

2．程序编写

用定时/计数器 1，工作方式 1，TMOD 设置为 10H。定时时间取 100ms，对 100ms 中断 5 次，就是 0.5s。100ms 的计数初值为 3CB0H。（关于定时/计数器的使用，请参考知识点三）。

一秒定时闪烁参考程序：

```
          ORG 0000H                ;程序开始
          LJMP START               ;转初始化程序
          ORG 001BH                ;定时/计数器 1 中断入口地址
          LJMP RT1                 ;转定时/计数器 1 中断服务程序
          ORG 0030H                ;初始化程序开始
START:    MOV TMOD,#10H            ;定时/计数器 1，工作方式 1
          MOV TH1,#3CH             ;设置计数初值
          MOV TL1,#0B0H            ;设置计数初值
          MOV R2,#05H              ;设置记录中断次数初值
          SETB EA                  ;开启总中断允许
          SETB ET1                 ;开启定时/计数器 1 中断允许
          SETB TR1                 ;启动定时/计数器 1
MAIN:     NOP                      ;主程序不执行任何任务，只是等待中断
          LJMP MAIN
                                   ;中断服务程序
RT1:      MOV TH1,#3CH             ;定时/计数器 1 中断服务子程序，置计数初值
          MOV TL1,#0B0H
          DJNZ R2,BACK             ;中断次数少于 5 次直接返回
          MOV R2,#05H              ;重新置中断次数初值
          CPL P2.0                 ;P2.0 取反
          BACK:RETI                ;中断返回
          END
```

任务二　LED 数码显示电路的制作

任务要求：单片机的 P0 口作输出口，接一个数码管，通过编程实现数码管循环显示十进制数字 0～9。单片机的 P0 口作输出口，接两个数码管，通过编程实现数码管循环显示十进制数字 0～59。

1．LED 显示器静态显示 0～9

（1）硬件电路制作

数码管采用共阳型，根据要求，LED 数码显示电路如图 6-2 所示。时钟与复位电路同图 6-1。

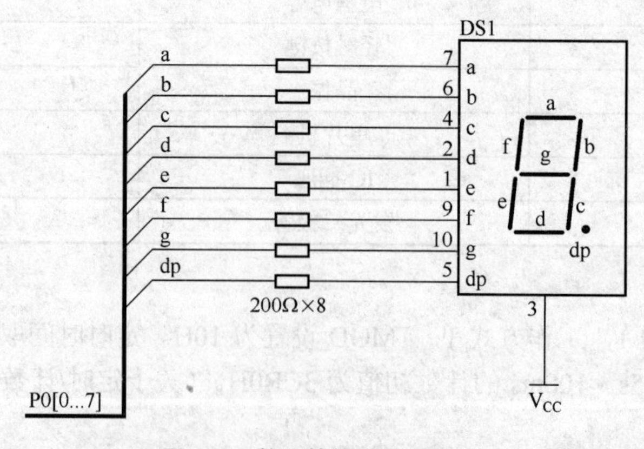

图 6-2　数码管静态显示电路

（2）软件设计

数码管显示采用查表的方法，0～9 这 10 个数字的字型码存放在数据表格中，通常在 DPTR 内存放数据表格首地址，A 存放要显示的数据，利用 MOVC A,@A+DPTR 这条指令查找字型码。

数码管静态显示程序：

```
         NUM EQU 40h                    ;定义数字变量
         ORG 0000H
         LJMP START                     ;转移到初始化程序
         ORG 0030H
START:   MOV NUM,#00H                   ;初始化变量初值
MAIN:    MOV A,NUM                      ;数字送入 A
         MOV DPTR,#CHAR                 ;字型码首地址存放 DPTR
         MOVC A,@A+DPTR                 ;数字对应字型码送入 A
         MOV P0,A                       ;字型码送 P0 口显示
         LCALL DELAY                    ;延时
         MOV A,NUM                      ;数字送入 A
         INC A                          ;加 1
         CJNE A,#0AH,AA                 ;不等于 10 转 AA
BB:      MOV A,#00H                     ;等于 10，送初值 0
AA:      MOV NUM,A                      ;保存数字
         LJMP MAIN                      ;循环，继续显示
DELAY:   MOV R7,#1EH                    ;延时子程序
D3:      MOV R6,#21H
D2:      MOV R5,#0FAH
D1:      DJNZ R5,D1
         DJNZ R6,D2
         DJNZ R7,D3
         RET
CHAR:    DB 0C0H,0F9H,0A4H,0B0H,99H,92H,82H,0F8H,80H,90H ;共阳型字型码表
         END
```

2．LED 显示器动态显示 0～59

（1）硬件电路制作

本例设计 0～59 秒显示器，采用 LED 显示器动态显示。两个数码管依次轮流显示，且以较快的频率重复，只要重复显示的频率不小于 50Hz，由于人眼的视觉暂留现象，主观感觉如同静态一样。将两个数码管的笔画段 a～dp 同名端连在一起，而数码管的公共端受 P2.0、P2.1 控制，如图 6-3 所示，CPU 向字段输出口送出字型码时，虽然所有数码管接受相同的字型码，但只有被选中的位才显示。

（2）程序编写

程序主要包括：延时子程序、一秒定时子程序和显示子程序。

延时子程序：CPU 执行一段程序不是用来作具体的功能控制，而仅是用来占用一定的时间，称为延时程序。延时程序是用循环结构来组成的，循环结构中的语句被多次执

行，如图 6-4 所示，每执行一次需占用若干机器周期，如表 6-2 所示，延时时间=程序指令执行的总的机器周期数×机器周期时间。

以 6MHz 晶振为例，一个机器周期为 $12/6\times10^6$=2μs，上面语句执行后占用的机器周期数为(3+250×2)×10+3=5033，延时时间为 5033×2μs=10 066μs=10.066ms。

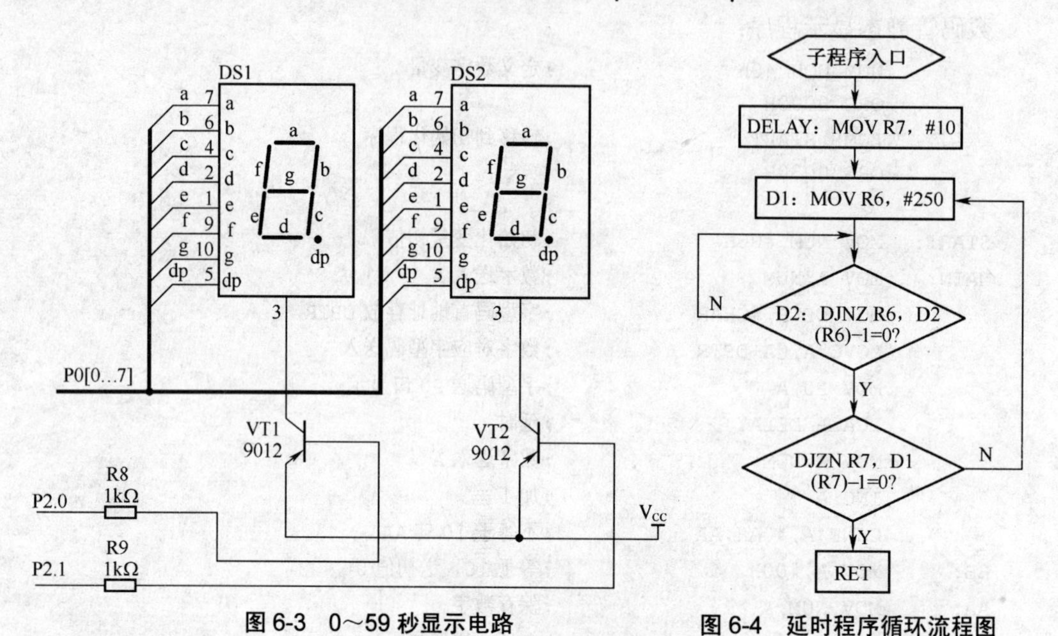

图 6-3 0～59 秒显示电路

图 6-4 延时程序循环流程图

表 6-2 延时程序语句执行周期数及次数

语 句	机器周期数	执 行 次 数
DELAY10ms: MOV R7，#10	1	
D1: MOV R6，#250	1	(2×10+3)×250
D2: DJNZ R6，D2	2	2×250
DJNZ R7，D1	2	
RET	2	

参考程序如下：

```
        SEC EQU 42H             ;秒位变量
        SEC_1 EQU 40H           ;秒 BCD 码个位
        SEC_2 EQU 41H           ;秒 BCD 码十位
        ORG 0000H
        LJMP START              ;到主程序
        ORG 000BH
        LJMP CT0S               ;到定时器 0 的中断服务程序
        ORG 0030H
START:  MOV R3,#20              ;初始化 R3（20 次 50ms 的中断）
        MOV TMOD,#01H           ;T0 工作方式 1，定时 50ms
```

```
        MOV TH0,#04BH
        MOV TL0,#0FFH
        SETB EA                         ;开总中断
        SETB ET0
        MOV SEC,#00H                    ;开定时器 0 中断
        SETB TR0                        ;启动定时器
MAIN:   LCALL BCD8421
        LCALL   DISPLAY                 ;调显示子程序
        LJMP MAIN
DELAY:  MOV R7,#255                     ;延时子程序
D1:     DJNZ R7,D1
        RET
CT0S:   PUSH A                          ;1s 的中断服务程序
        MOV TH0,#04BH
        MOV TL0,#0FFH
        DJNZ R3,EE                      ;不到 1s，中断返回
        MOV R3,#20
        MOV A,SEC
        INC A                           ;秒加 1
        MOV SEC,A                       ;保存秒数值
        CJNE A,#60,EE
        MOV SEC,#00H                    ;满 60s 置 0
EE:     POP A
        RETI
BCD8421:MOV A,SEC
        MOV B,#0AH
        DIV AB
        MOV SEC_1,B
        MOV SEC_2,A
        RET
DISPLAY:                                ;秒显示子程序
        MOV P2,#00H
        MOV A,SEC_2                     ;显示秒的十位
        MOV DPTR,#CHAR
        MOVC A,@A+DPTR
        MOV P0,A
        MOV P2,#02H
        LCALL DELAY
        MOV A,SEC_1                     ;显示秒的个位
        MOVC A,@A+DPTR
        MOV P0,A
        MOV P2,#01H
        LCALL DELAY
        RET
CHAR:   DB 0C0H,0F9H,0A4H,0B0H,99H,92H,82H,0F8H,80H,90H ;共阳型字型码表
        END
```

任务三　电子时钟的制作

任务要求：单片机的 P0 口作段控，P2 口作位控，接 6 个数码管，通过编程实现 6

位数码电子时钟功能。

1．硬件电路制作

（1）电路原理图

硬件电路主要由CPU、时钟电路、复位电路、数码显示电路和键盘等组成。

CPU：选用AT89S51，4KB片内程序存储器，如图6-5所示。

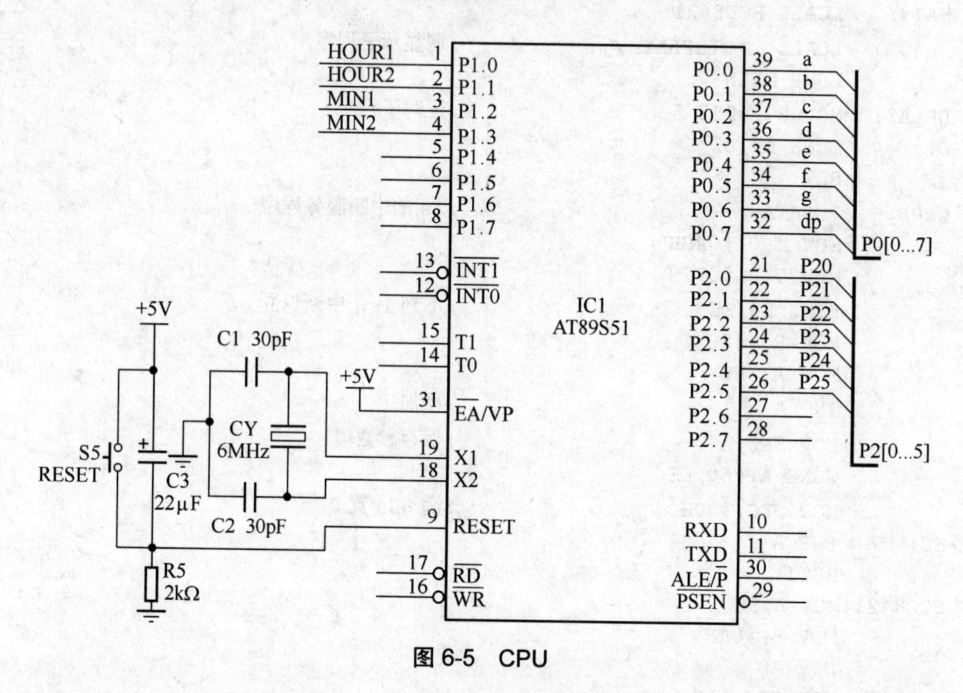

图6-5 CPU

时钟与复位电路：选用6MHz晶振，采用上电复位和手工复位，如图6-1所示。

按键：P1口P1.0、P1.1、P1.2、P1.3接4个独立按键，进行时间调整。可实现小时加1，小时减1，分钟加1，分钟减1，如图6-6所示。

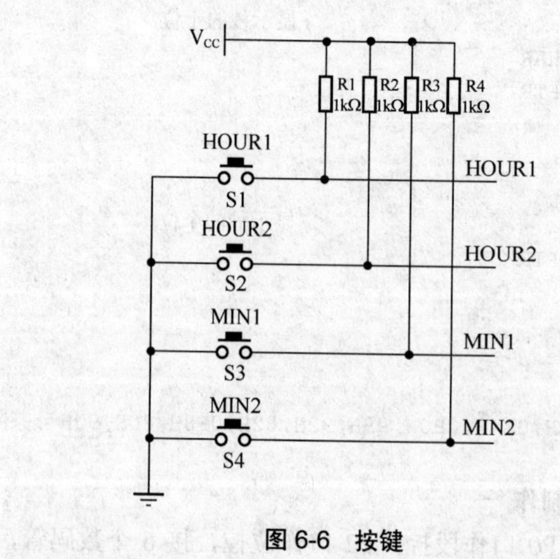

图6-6 按键

数码显示电路：用 6 个数码管，显示小时、分钟和秒，采用软件译码、动态扫描方式。P1 口提供段码，单片机端口驱动能力不足，还可以在段码上使用上拉电阻来提高数码管的亮度。P2 口 P2.0、P2.1、P2.2、P2.3、P2.4、P2.5 作为位控制端，由于数码管的电流较大，采用三极管电流驱动，如图 6-7 所示。

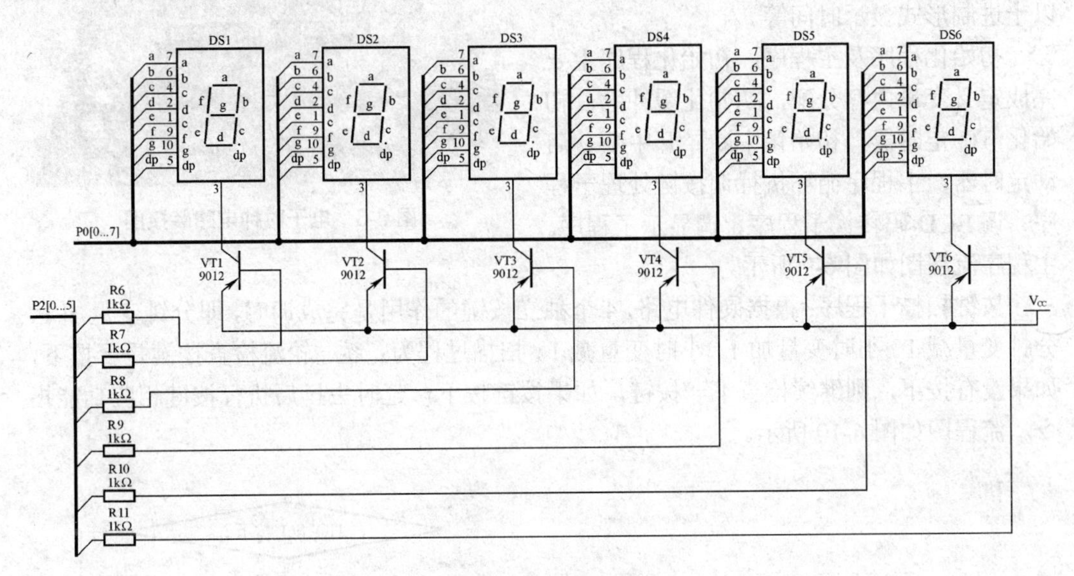

图 6-7 显示电路

（2）元器件清单

电子时钟电路元器件清单如表 6-3 所示。

表 6-3 电子时钟电路元器件清单

代 号	名 称	规 格
R1～R4	电阻	1kΩ
R5	电阻	2kΩ
R6～R11	电阻	1kΩ
C1、C2	瓷介电容	30pF
C3	电解电容	22μF
S1～S5	轻触按键	
CY	晶振	6MHz
IC1	单片机	AT89S51
	IC 插座	40 脚
VT1～VT6	三极管	9012
DS1～DS6	共阳极数码管	

（3）电路制作

电子时钟电路装接图如图 6-8 所示。

2. 程序编写

（1）程序流程图

根据系统实现的功能，软件要完成的工作是：按键扫描，按键处理，延时 1s 并计时，以十进制形式显示时间等。

图 6-8　电子时钟电路装接图

初始化程序及主程序：初始化程序主要完成定义变量内存分配，初始化缓冲区，初始化 T0 定时器，初始化中断，开中断、启动定时器；主程序循环执行调按键处理子程序、调 BCD 码转换子程序、调显示子程序。主程序流程图如图 6-9 所示。

按键扫描子程序：根据硬件电路，4 个独立按键的作用是完成调时，即分钟变量加 1、分钟变量减 1、小时变量加 1、小时变量减 1。扫描过程为：逐一轮流检查按键是否按下，如果没有按下，则继续检查下一按键，如果按键按下，延时去抖后执行按键相应功能指令。流程图如图 6-10 所示。

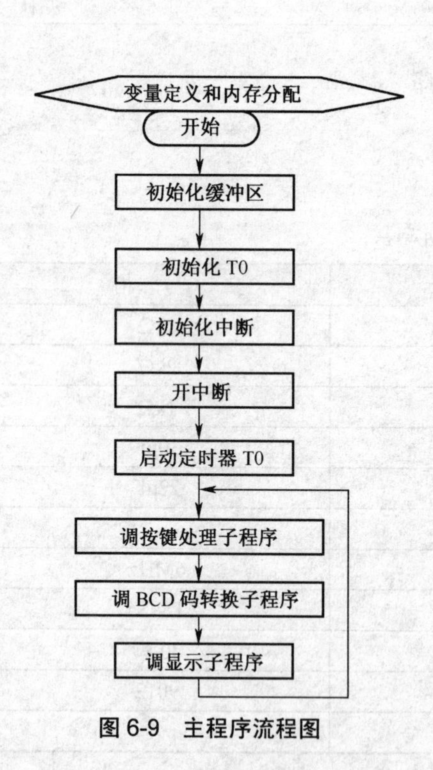

图 6-9　主程序流程图

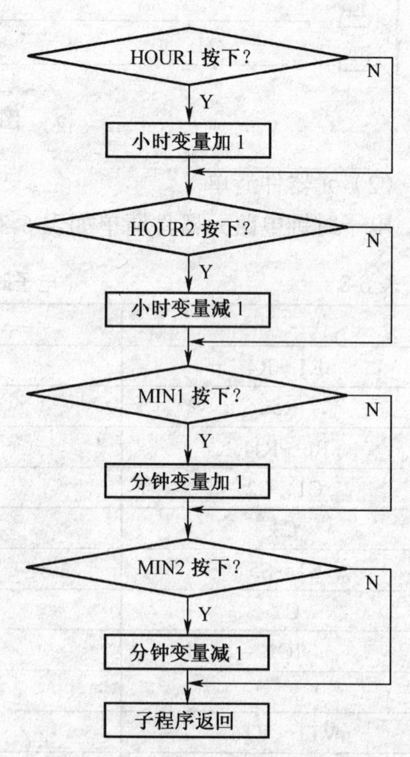

图 6-10　按键扫描子程序流程图

定时中断服务程序：利用定时/计数器 T0 进行 50ms 的定时，R3 作计数 20 次，完成 1s 计时并加 1，判断是不是到 60s，如到 60s，分钟加 1，判断是不是到 60min，如到 60min，小时加 1，小时到 24 时置“0”。流程图如图 6-11 所示。

显示时间程序采用动态扫描的方法，P0 口输出段码，P2 口输出位码，依次显示小时十位、小时个位、分钟十位、分钟个位、秒十位和秒个位。

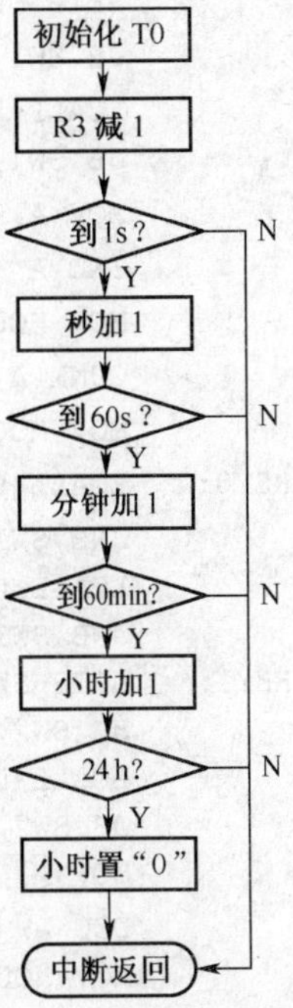

（2）参考程序

```
                                  ;变量定义和内存分配
        KEY_BUF EQU 33H           ;键盘缓冲区
        KEYTEMP EQU 34H           ;临时按键值
        HOUR EQU 40H              ;小时变量
        MIN EQU 41H               ;分钟变量
        SEC EQU 42H               ;秒变量
        HOUR_1 EQU 50H            ;小时 BCD 码个位
        HOUR_2 EQU 51H            ;小时 BCD 码十位
        MIN_1 EQU 52H             ;分钟 BCD 码个位
        MIN_2 EQU 53H             ;分钟 BCD 码十位
        SEC_1 EQU 54H             ;秒 BCD 码个位
        SEC_2 EQU 55H             ;秒 BCD 码十位
        SW1 BIT P1.0              ;小时加 1 按键
        SW2 BIT P1.1              ;小时减 1 按键
        SW3 BIT P1.2              ;分钟加 1 按键
        SW4 BIT P1.3              ;分钟减 1 按键
        ORG 0000H
        LJMP START                ;转移到初始化程序
        ORG 000BH
        LJMP CT0S                 ;到定时器 0 的中断服务程序
        ORG 0030H
START:                            ;初始化部分
        MOV 33H,#00H              ;初始化缓冲区
        MOV HOUR,#12              ;初始时间 12:30:00
        MOV MIN,#30
        MOV SEC,#00
        MOV R3,#20                ;初始化 R3（20 次 50ms 的中断）
        MOV TMOD,#01H             ;初始化 T0 定时器，T0 工作方式 1 ，定时 50ms
        MOV TH0,#04BH             ;送定时器初值
        MOV TL0,#0FFH
        SETB EA                   ;开总中断
        SETB ET0                  ;开定时器 0 中断
        SETB TR0                  ;启动定时器
MAIN:   LCALL KEYPRESS            ;调按键处理子程序
        LCALL BCD8421             ;调 BCD 码转换子程序
        LCALL DISPLAY             ;调显示子程序
        LJMP MAIN
DELAY:  MOV R7,#255               ;延时子程序
D2:     DJNZ R7,D2
        RET
KEYPRESS:                         ;按键处理子程序，P1 口为按键的接口
```


图 6-11　定时器中断服务程序流程图

```
        SETB SW1                 ;设置为输入
        JB SW1,KEY1              ;按键没有按下，查询下一按键
        LCALL DELAY              ;若按下，延时去抖
        JB SW1,KEY1
        MOV A,HOUR               ;小时变量送入A
        INC A                    ;小时数加1
        MOV HOUR,A               ;保存小时数
        CJNE A,#24,KEY0          ;如果不等于24，等待按键释放
        MOV HOUR,#00H            ;如果等于24，则使小时数等于0
KEY0:   LCALL DISPLAY            ;调显示起延时去抖作用，保证扫描显示不停止
        JNB SW1,KEY0             ;没有释放，继续等待
        LCALL DISPLAY
        JNB SW1,KEY0
KEY1:   SETB SW2
        JB SW2,KEY2
        LCALL DELAY
        JB SW2,KEY2
        MOV A,HOUR
        DEC A                    ;小时变量减1
        MOV HOUR,A
        CJNE A,#255,KEY10        ;0减1等于255
        MOV HOUR,#23
KEY10:  LCALL DISPLAY
        JNB SW2,KEY10
        LCALL DISPLAY
        JNB SW2,KEY10
KEY2:   SETB SW3
        JB SW3,KEY3
        LCALL DELAY
        JB SW3,KEY3
        MOV A,MIN
        INC A                    ;分钟变量加1
        MOV MIN,A
        CJNE A,#60,KEY20
        MOV MIN,#00H
KEY20:  LCALL DISPLAY
        JNB SW3,KEY20
        LCALL DISPLAY
        JNB SW3,KEY20
KEY3:   SETB SW4
        JB SW4,KRET
        LCALL DELAY
        JB SW4,KRET
        MOV A,MIN
        DEC A                    ;分钟变量减1
        MOV MIN,A
        CJNE A,#255,KEY30        ;0减1等于255
        MOV MIN,#59
```

```
KEY30:   LCALL DISPLAY
         JNB SW4,KEY30
         LCALL DISPLAY
         JNB SW4,KEY30
KRET:    RET
CT0S:                              ;走时部分。延时 1s，秒加 1，秒满 60，分钟加 1，分钟满 60，
                                    小时加 1
         PUSH A                    ;保护现场
         MOV TH0,#04BH             ;重新送定时器初值
         MOV TL0,#0FFH
         DJNZ R3,TIMEEND           ;中断次数不足 20 次直接返回
         MOV R3,#20                ;中断次数满 20 次为 1s，重新送计数初值
         MOV A,SEC                 ;秒增加 1
         INC A
         MOV SEC,A
         CJNE A,#60,TIMEEND
         MOV SEC,#00H
         MOV A,MIN                 ;秒满 60，分钟加 1
         INC A
         MOV MIN,A
         CJNE A,#60,TIMEEND
         MOV MIN,#00H
         MOV A,HOUR                ;分钟满 60，小时加 1
         INC A
         MOV HOUR,A
         CJNE A,#24,TIMEEND
         MOV HOUR,#00H
TIMEEND:POP A                      ;恢复现场
         RETI
                                   ;BCD 码转换子程序，变量不大于 60，没有百位
BCD8421:MOV A,HOUR
         MOV B,#0AH
         DIV AB                    ;除以 10，商为十位，余数为个位
         MOV HOUR_2,A
         MOV HOUR_1,B
         MOV A,MIN
         MOV B,#0AH
         DIV AB
         MOV MIN_2,A
         MOV MIN_1,B
         MOV A,SEC
         MOV B,#0AH
         DIV AB
         MOV SEC_2,A
         MOV SEC_1,B
         RET
DISPLAY:                           ;以下是显示子程序，P0 口输出段码，P2 口输出位码，
         MOV P2,#00H               ;显示小时的部分
         MOV DPTR,#CHAR
```

```
        MOV A,HOUR_2
        MOVC A,@A+DPTR
        MOV P0,A
        MOV P2,#02H
        LCALL DELAY
        MOV A,HOUR_1
        MOVC A,@A+DPTR
        MOV P0,A
        MOV P2,#01H
        LCALL   DELAY
                                ;显示分钟的部分
        MOV A,MIN_2
        MOVC A,@A+DPTR
        MOV P0,A
        MOV P2,#08H
        LCALL DELAY
        MOV A,MIN_1
        MOVC A,@A+DPTR
        MOV P0,A
        MOV P2,#04H
        LCALL DELAY
                                ;显示秒的部分
        MOV A,SEC_2
        MOVC A,@A+DPTR
        MOV P0,A
        MOV P2,#20H
        LCALL DELAY
        MOV A,SEC_1
        MOVC A,@A+DPTR
        MOV P0,A
        MOV P2,#10H
        LCALL DELAY
        RET
CHAR:DB 0C0H,0F9H,0A4H,0B0H,99H,92H,82H,0F8H,80H,90H ;共阳型字型码表
        END
```

任务四　程序调试与烧写

使用仿真器调试程序。程序调试完成后，使用编程器将编译的十六进制文件烧写入单片机，将单片机从编程器上取下，插入电路板的IC插座，给电路板接上5V电源，观察电路运行情况。

二、项目基本知识

知识点一　LED数码管接口电路及编程

1．数码管简介

常用的LED显示器有LED状态显示器（俗称发光二极管）、LED八段显示器（俗称数码管）和LED十六段显示器。发光二极管可显示两种状态（也有显示3种状态的双色发光二极管），用于系统状态显示；数码管用于十进制数字显示；LED 十六段显示器

用于字符显示，如图 6-12 所示。

图 6-12　常用的 LED 显示器件

下面重点介绍 LED 八段显示器。

（1）数码管结构与工作原理

数码管由 8 个发光二极管（以下简称字段）构成，通过不同的组合可用来显示数字 0~9。数码管的外形结构如图 6-13（a）所示。数码管又分为共阴极和共阳极两种结构，分别如图 6-13（b）、（c）所示。

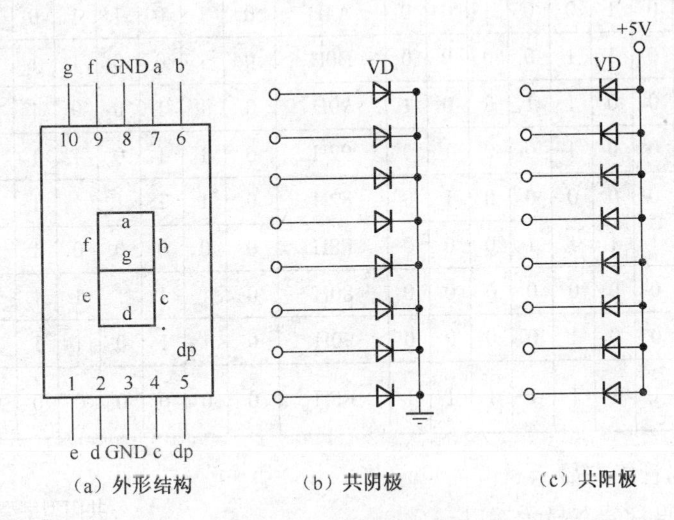

（a）外形结构　（b）共阴极　（c）共阳极

图 6-13　数码管结构图

共阴极数码管的 8 个发光二极管的阴极（二极管负端）连接在一起，通常，公共阴极接低电平（一般接地），其他管脚接段驱动电路输出端。当某段驱动电路的输出端为高电平时，则该端所连接的字段导通并点亮，根据发光字段的不同组合可显示出各种数字或字符。

共阳极数码管的 8 个发光二极管的阳极（二极管正端）连接在一起，通常，公共阳极接高电平（一般接电源），其他管脚接段驱动电路输出端。当某段驱动电路的输出端为低电平时，则该端所连接的字段导通并点亮，根据发光字段的不同组合可显示出各种数字或字符。

（2）显示字形码

要使数码管显示出相应的数字或字符，必须使段数据口输出相应的字形编码。对照图 6-13(a)，字形码各位定义为：数据线 D0 字段与 a 字段对应，D1 字段与 b 字段对应……

依此类推。如使用共阳极数码管，数据为 0 表示对应字段亮，数据为 1 表示对应字段暗；如使用共阴极数码管，数据为 0 表示对应字段暗，数据为 1 表示对应字段亮。8 个笔划段 dp、g、f、e、d、c、b、a 对应于一个字节（8 位）的 D7、D6、D5、D4、D3、D2、D1、D0，于是用 8 位二进制码就可以表示欲显示字符的字形代码。如要显示“0”，共阳极数码管的字形编码应为：11000000B（即 C0H）；共阴极数码管的字形编码应为：00111111B（即 3FH）。依此类推，可求得数码管字形编码如 6-4 所示。

表 6-4　　8 段数码管常用字形编码表

显示字符	字形	共阳极									共阴极								
		dp	g	f	e	d	c	b	a	字形码	dp	g	f	e	d	c	b	a	字形码
0		1	1	0	0	0	0	0	0	C0H	0	0	1	1	1	1	1	1	3FH
1		1	1	1	1	1	0	0	1	F9H	0	0	0	0	0	1	1	0	06H
2		1	0	1	0	0	1	0	0	A4H	0	1	0	1	1	0	1	1	5BH
3		1	0	1	1	0	0	0	0	B0H	0	1	0	0	1	1	1	1	4FH
4		1	0	0	1	1	0	0	1	99H	0	1	1	0	0	1	1	0	66H
5		1	0	0	1	0	0	1	0	92H	0	1	1	0	1	1	0	1	6DH
6		1	0	0	0	0	0	1	0	82H	0	1	1	1	1	1	0	1	7DH
7		1	1	1	1	1	0	0	0	F8H	0	0	0	0	0	1	1	1	07H
8		1	0	0	0	0	0	0	0	80H	0	1	1	1	1	1	1	1	7FH
9		1	0	0	1	0	0	0	0	90H	0	1	1	0	1	1	1	1	6FH
熄灭		1	1	1	1	1	1	1	1	FFH	0	0	0	0	0	0	0	0	00H

2．LED 数码管静态显示

（1）LED 数码管静态显示接口

静态显示是指数码管显示某一字符时，相应的发光二极管恒定导通或恒定截止。这种显示方式的各位数码管相互独立，公共端恒定接地（共阴极）或接正电源（共阳极）。每个数码管的 8 个字段分别与一个 8 位 I/O 口地址相连，I/O 口只要有段码输出，相应字符即显示出来，并保持不变，直到 I/O 口输出新的段码。采用静态显示方式，占用 CPU 时间少，编程简单，显示便于监测和控制，但其占用的口线多，只适合于显示位数较少的场合。

LED 数码管静态显示的控制电路如图 6-2 所示。AT89S51 的 P0 口 P0.0～P0.6 直接与 LED 数码管的 a～g 引脚相连，P0.7 接小数点位 dp 端，一般需在回路上接合适的限流电阻，图中接 200Ω 的限流电阻，数码管采用共阳型，端口输出为低电平的位，对应字段亮，端口输出为高电平的位，对应字段不亮。

（2）LED 数码管静态显示编程

以在数码管上显示 0～9 为例，从 0 开始，采用查表的方法，将其字形码送 P0 口显示，延时 1s 后，数字加 1，然后循环显示。字形码存放在数据表格中，通常在 DPTR 内存放数据表格首地址，A 存放要显示的数据，利用 MOVC A,@A+DPTR 这条指令查找字形码。流程图如图 6-14，程序参考本项目任务二。

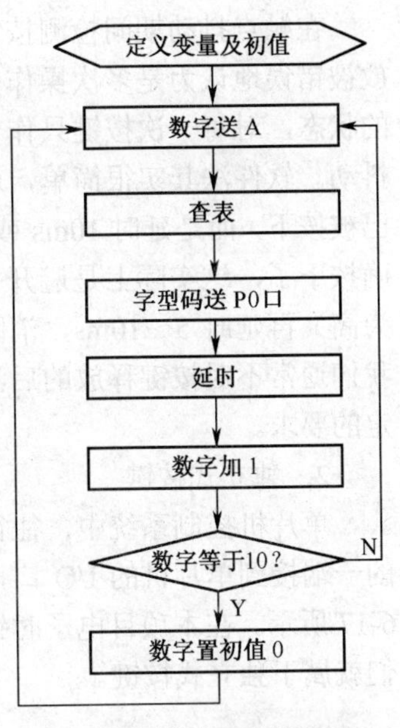

图 6-14　静态显示流程图

3．LED 数码管动态显示

（1）LED 数码管动态显示接口

动态显示是一位一位地轮流点亮各位数码管，这种逐位点亮数码管的方式称为位扫描。通常，各位数码管的段选线相应并联在一起，由一个 8 位的 I/O 口控制；各位的位选线（公共阴极或阳极）由另外的 I/O 口线控制。动态方式显示时，各数码管分时轮流选通，要使其稳定显示，必须采用扫描方式，即在某一时刻只选通一位数码管，并送出相应的段码，在另一时刻选通另一位数码管，并送出相应的段码，依此规律循环，就可使各位数码管显示将要显示的字符。虽然这些字符是在不同的时刻分别显示，但由于人眼存在视觉暂留效应，只要每位显示间隔足够短就可以给人以同时显示的感觉。

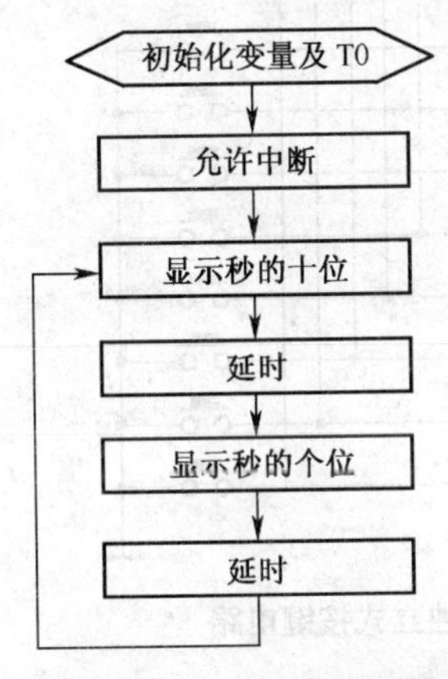

图 6-15　动态显示流程图

采用动态显示方式比较节省 I/O 口，但其亮度不如静态显示方式，而且在显示位数较多时，CPU 要依次扫描，占用 CPU 较多的时间。同时，为提高单片机端口驱动能力，段码可以使用上拉电阻，位码采用三极管电流驱动，如图 6-3 所示。AT89S51 的 P0 口接二个数码管的字段，P2.0 控制第一位，P2.1 控制第二位。

（2）LED 数码管动态显示编程

动态扫描频率太低，LED 数码管将出现闪烁现象；频率太高，由于每个 LED 数码管点亮的时间太短，LED 数码管的亮度太低，无法看清。因此，在编程时，常采用调用延时子程序来达到要求的保持时间，一般取几毫秒为宜。

以图 6-3 为例，显示 0～59s 时间，程序流程图如图 6-15，程序参考本项目任务二。

知识点二　键盘接口电路及编程

键盘是由若干按键组成的开关矩阵，它是微型计算机最常用的输入设备，用户可以通过键盘向计算机输入指令、地址和数据。一般单片机系统中用软件来识别键盘上的闭合键，它具有结构简单，使用灵活等特点，因此被广泛应用于单片机系统。

1．键盘工作原理

机械式按键在按下或释放时，由于机械弹性作用的影响，通常伴随有一定时间的触点机械抖动，然后其触点才稳定下来。其抖动过程如图 6-16 所示，抖动时间的长短与开关的机械特性有关，一般为 5～10ms。

在触点抖动期间检测按键的通与断状态，可能导致判断出错。即按键一次按下或释放被错误地认为是多次操作，这种情况是不允许出现的。为使 CPU 能正确地读出 I/O 口的状态，对每一次按键只作一次响应，就必须考虑如何去除抖动，为此，常用软件法去抖动。软件法其实很简单，就是在单片机获得 I/O 口为低的信息后，不是立即认定按键已被按下，而是延时 10ms 或更长一些时间后再次检测 I/O 口，如果仍为低，说明按键的确按下了，这实际上是避开了按键按下时的抖动时间。而在检测到按键释放后（I/O 口为高）再延时 5～10ms，消除后沿的抖动，然后再对键值进行处理。不过一般情况下，我们通常不对按键释放的后沿进行处理，实践证明，不处理按键释放的后沿也能满足一定的要求。

2. 独立式按键

单片机控制系统中，往往只需要几个功能键。此时，通过 I/O 口连接，将每个按键的一端接到单片机的 I/O 口，另一端接地，这是最简单的方法，称为独立式按键，如图 6-17 所示。在本项目电子时钟电路中，为了实现调时，在 P1.0～P1.3 接了 4 个按键，它们就属于独立式按键。

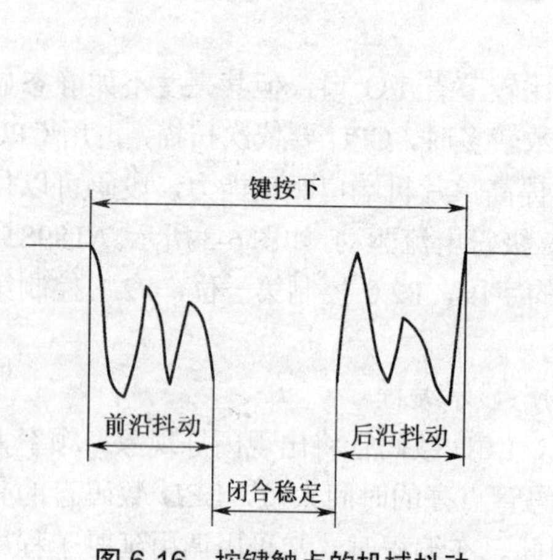

图 6-16 按键触点的机械抖动

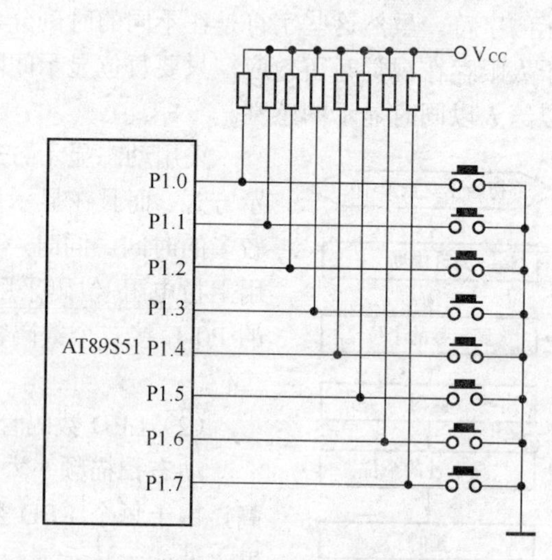

图 6-17 独立式按键电路

对于独立式按键主程序可以采用不断查询的方法来进行处理，即如果只有一个独立式按键，检测是否闭合，如果闭合，则去除键抖动后再执行按键程序；如果有多个独立式按键，可以依次逐个查询处理。以 P1.0 所接按键为例，其编程流程图如图 6-18 所示。

在图 6-17 所示的独立式按键电路中，P1.0 所接按键的处理程序如下：

```
KEY:    SETB P1.0
        JB P1.0,NEXT
        LCALL DELAY
        JB P1.0,NEXT
        ......
LOOP:   JNB P1.0,LOOP
        LCALL DELAY
```

```
        JNB P1.0,LOOP
NEXT:   ……
```

其他按键可依此分别逐个查询处理。

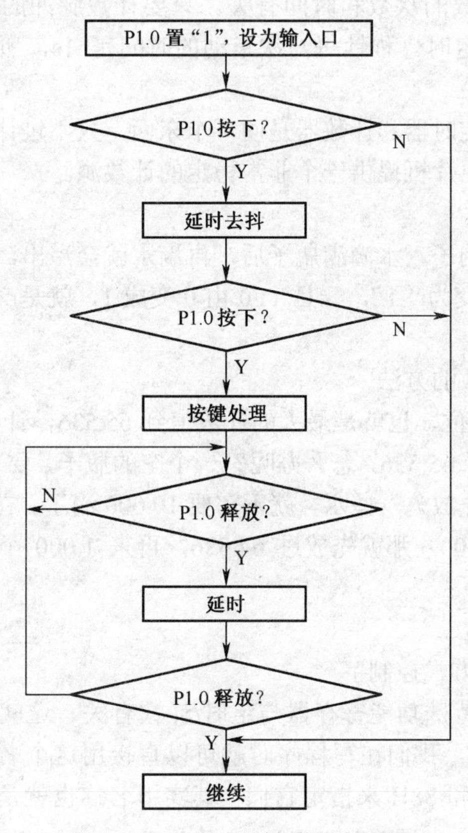

图 6-18　独立式按键编程流程图

独立式按键的优点是电路简单、程序编写容易，但是每一个按键需占用一个引脚，端口的资源消耗大。当系统需要按键数量较多时，可以使用矩阵式按键。矩阵式按键由行线和列线构成，占用端口资源少，但电路复杂，程序编写困难，本书不再介绍，感兴趣的读者可查阅相关资料。

知识点三　MCS-51 单片机定时/计数器

1．定时、计数的概念

（1）计数概念

同学们选班长时，要投票，然后统计选票，常用的方法是画“正”，这就是计数。单片机有两个定时/计数器 T0 和 T1，都可对外部输入脉冲计数。

（2）计数器的容量

我们用一个瓶子盛水，水一滴滴地滴入瓶中，水滴不断落下，瓶的容量是有限的，过一段时间之后，瓶子就会逐渐变满，再滴水就会溢出。单片机中的计数器也一样，T0 和 T1 这两个计数器分别是由两个 8 位的 RAM 单元组成的，即每个计数器都是 16 位的计数器，最大的计数量是 65 536。

（3）定时

一个钟表，秒针走 60 次，就是 1 分钟，所以时间就转化为秒针走的次数，也就是计数的次数，可见，计数的次数和时间有关。只要计数脉冲的间隔相等，则计数值就代表了时间，即可实现定时。秒针每一次走动的时间是 1s，所以秒针走 60 次，就是 60s，即 1min。

因此，单片机中的定时器和计数器是同一个东西，只不过计数器是记录外界发生的事情，而定时器则是由单片机提供一个非常稳定的计数源。

（4）溢出

上面我们举过一个例子，水滴满瓶子后，再滴水就会溢出，流到桌面上。单片机计数器溢出后将使得 TF0 变为“1”，一旦 TF0 由 0 变成 1，就是产生了变化，就会引发事件，就会申请中断。

（5）任意定时及计数的方法

计数器的容量是 16 位，也就是最大的计数值到 65 536，计数计到 65 536 就会产生溢出。如果计数值要小于 65 536，怎么办呢？一个空的瓶子，要 1 万滴水滴进去才会满，我们在开始滴水之前就先放入一些水，就不需要 10 000 滴了。在单片机中，我们采用预置数的方法，我要计 1 000，那就先放进 64 536，再来 1 000 个脉冲，不就到了 65 536 了吗？定时也是如此。

2．定时/计数器概述

（1）定时/计数器的方式控制字

在单片机中有两个特殊功能寄存器与定时/计数有关，这就是 TMOD 和 TCON。TMOD 和 TCON 是名称，我们在写程序时就可以直接用这个名称来指定它们，也可以直接用它们的地址 89H 和 88H 来指定它们（其实用名称也就是地址，汇编软件可以帮助翻译）。

TMOD 的位名称和功能如表 6-5 所示。

表 6-5　TMOD 的位名称和功能

TMOD 位	D7	D6	D5	D4	D3	D2	D1	D0
位名称	GATE	$C/\overline{T}$	M1	M0	GATE	$C/\overline{T}$	M1	M0
功能	门控位	定时/计数方式选择	工作方式选择		门控位	定时/计数方式选择	工作方式选择	
高 4 位控制定时器/计数器 1					低 4 位控制定时器/计数器 0			

TMOD 被分成两部分，每部分 4 位，分别用于控制 T1 和 T0。由于控制 T1 和 T0 的位名称相同，为了不至于混淆，在使用中 TMOD 只能按字节操作，不能单独进行位操作。

TMOD 各位含义如下。

① M1 和 M0：方式选择位。定义如表 6-6 所示。

表 6-6　　工作方式选择表

M1	M0	工作方式	功能说明
0	0	方式 0	13 位计数器
0	1	方式 1	16 位计数器
1	0	方式 2	自动再装入 8 位计数器
1	1	方式 3	定时器 0：分成两个 8 位计数器 定时器 1：停止计数

② $C/\overline{T}$：功能选择位。$C/\overline{T}=0$ 时，设置为定时器工作方式；$C/\overline{T}=1$ 时，设置为计数器工作方式。

③ GATE：门控位。当 GATE=0 时，软件控制位 TR0 或 TR1 置 1 即可启动定时器；当 GATE=1 时，软件控制位 TR0 或 TR1 须置 1，同时还须 $\overline{\text{INT0}}$（P3.2）或 $\overline{\text{INT1}}$（P3.3）为高电平方可启动定时器，即允许外中断 $\overline{\text{INT0}}$、$\overline{\text{INT1}}$ 启动定时器。

TCON 的位名称和功能在中断系统已经作了介绍。TCON 也被分成两部分，高 4 位用于定时/计数器，低 4 位则用于中断。TF1、TF0 是溢出标志，当计数溢出后它们就由 0 变为 1。TR1、TR0 是运行控制位，由软件置“1”或清零来启动或关闭定时器。

（2）定时/计数器的 4 种工作方式

① 工作方式 0。

定时/计数器的工作方式 0 称为 13 位定时/计数方式。它由 TL 的低 5 位和 TH 的 8 位构成 13 位的计数器，TL 的高 3 位未用，电路结构如图 6-19 所示。

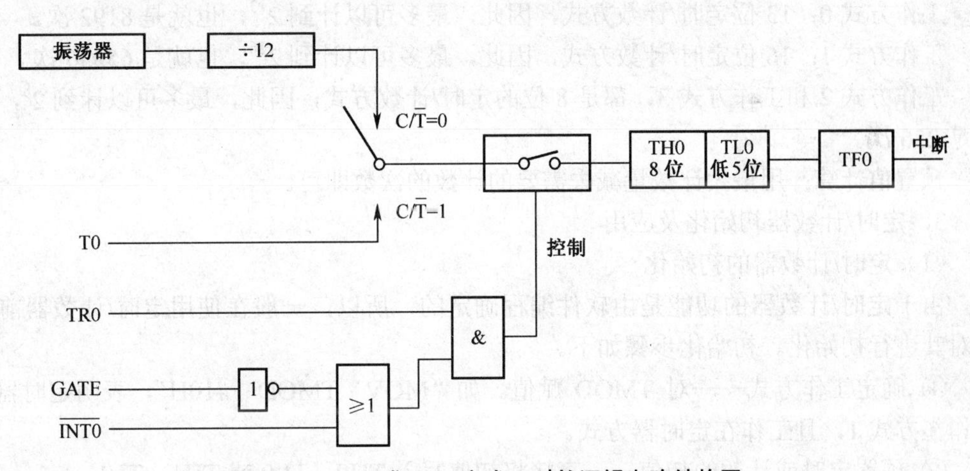

图 6-19　T0（或 T1）方式 0 时的逻辑电路结构图

我们用这个图来说明以下几个问题。

a．M1M0：定时/计数器一共有 4 种工作方式，就是用 M1M0 来控制的。

b．$C/\overline{T}$：定时/计数器既可作定时用也可用于计数，如果 $C/\overline{T}$ 为 0 就是用作定时器，如果 $C/\overline{T}$ 为 1 就是用作计数器。

c．GATE：在图 6-19 中，当我们选择了定时或计数工作方式后，定时/计数脉冲却不一定能到达计数器端，中间还有一个开关，显然这个开关不合上，计数脉冲就没法过去。

GATE=0，分析一下逻辑，GATE 非后是 1，进入或门，或门总是输出 1，和或门的另一个输入端 $\overline{\text{INT0}}$ 无关，在这种情况下，开关的打开、合上只取决于 TR0，只要 TR0 是 1，开关就合上，计数脉冲得以畅通无阻，而如果 TR0 等于 0 则开关打开，计数脉冲无法通过，因此定时/计数是否工作，只取决于 TR0。

GATE=1，在此种情况下，计数脉冲通路上的开关不仅要由 TR0 来控制，而且还要受到 $\overline{\text{INT0}}$ 引脚的控制，只有 TR0 为 1，且 $\overline{\text{INT0}}$ 引脚也是高电平时，开关才合上，计数脉冲才得以通过。

② 工作方式 1。

工作方式 1 是 16 位的定时/计数方式，M1M0 为 01，其他特性与工作方式 0 相同。

③ 工作方式 2。

工作方式 2 是 16 位加法计数器，TH0 和 TL0 具有不同功能，其中，TL0 是 8 位计数器，TH0 是重置初值的 8 位缓冲器。方式 2 具有初值自动装入功能，每当计数溢出，就会打开高、低 8 位之间的开关，预置数进入低 8 位。这是由硬件自动完成的，不需要由人工干预。

④ 工作方式 3。

定时/计数器工作于方式 3 时，定时器 T0 被分解成两个独立的 8 位计数器 TL0 和 TH0。

（3）定时器/计数器的定时/计数范围

工作方式 0：13 位定时/计数方式，因此，最多可以计到 2^{13}，也就是 8192 次。

工作方式 1：16 位定时/计数方式，因此，最多可以计到 2^{16}，也就是 65536 次。

工作方式 2 和工作方式 3，都是 8 位的定时/计数方式，因此，最多可以计到 2^{8}，也就是 256 次。

预置值计算：用最大计数量减去需要的计数的次数即可。

3．定时/计数器初始化及应用

（1）定时/计数器的初始化

由于定时/计数器的功能是由软件编程确定的，所以，一般在使用定时/计数器前都要对其进行初始化。初始化步骤如下。

① 确定工作方式——对 TMOD 赋值。如“MOV　TMOD　#10H”，表明定时器 1 工作在方式 1，且工作在定时器方式。

② 预置定时或计数的初值——直接将初值写入 TH0、TL0 或 TH1、TL1。

定时/计数器的初值因工作方式的不同而不同。设最大计数值为 M，则各种工作方式下的 M 值如下：

方式 0：$M = 2^{13} = 8192$；

方式 1：$M = 2^{16} = 65536$；

方式 2：$M = 2^{8} = 256$；

方式 3：定时器 0 分成 2 个 8 位计数器，所以 2 个定时器的 M 值均为 256。

因定时器/计数器工作的实质是做“加 1”计数，所以，当最大计数值 M 值已知时，

初值 X 可计算如下：

$$X=M-计数值$$

如利用定时器 1 定时，采用方式 1，要求每 50ms 溢出一次，系统采用 12M 晶振。采用方式 1，M=65536。系统采用 12MHz 晶振，则计数周期 T=1μs，计数值=50×1000=50000，所以，计数初值为：

$$X=65536-50000=15536=3CB0H$$

将 3C、B0 分别预置给 TH1、TL1。

计算定时/计数初值时，也可以从网上下载定时器初值计算工具很方便的算出，如图 6-20 所示。

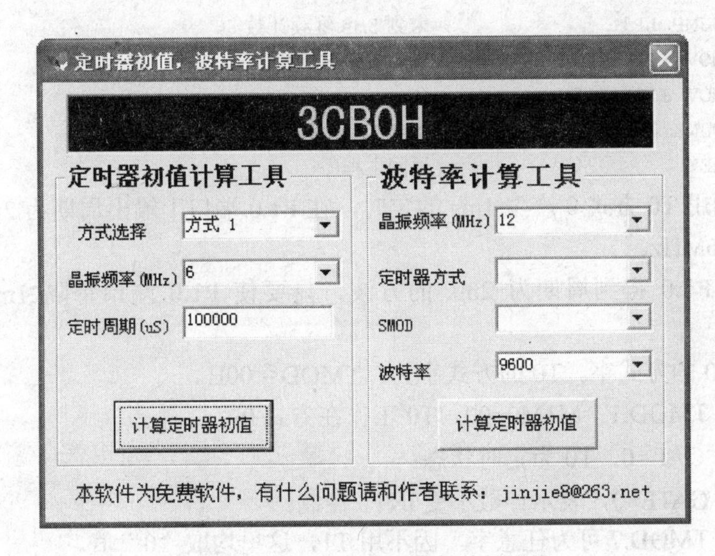

图 6-20 计算定时/计数初值的工具

③ 根据需要开启定时/计数器中断——直接对 IE 寄存器赋值。如 MOV IE,#82H，表明允许定时器 T0 中断。

④ 启动定时/计数器工作——将 TR0 或 TR1 置“1”。

GATE = 0 时，直接由软件置位启动；GATE = 1 时，除软件置位外，还必须在外中断引脚处加上相应的电平值才能启动。

（2）定时/计数器的编程和应用

定时/计数器是单片机应用系统中的重要部件，通过下面实例可以看出，灵活应用定时/计数器可提高编程技巧，减轻 CPU 的负担，简化外围电路。

例 6.1 用定时器 1 方式 0 实现 1s 的延时。

解：因方式 0 采用 13 位计数器，其最大定时时间为：8192×1μs = 8.192ms，因此，定时时间不可能像方式 1 一样选择 50ms，但可选择定时时间为 5ms，再循环 200 次。定时时间选定后，再确定计数值为 5000，则定时器 1 的初值为：

$$X=M-计数值=8192-5000=3192=C78H=0110001111000B$$

因 13 位计数器中 TL1 的高 3 位未用，应填写 0，TH1 占高 8 位，所以，X 的实际填写值应为：

$$X = 0110001100011000B = 6318H$$

即 TH1 = 63H，TL1 = 18H，又因采用方式 0 定时，故 TMOD = 00H。

可编得 1s 定时子程序如下：

```
DELAY:  MOV R3，#200        ；置 5ms 计数循环初值
        MOV TMOD，#00H      ；设定时器 1 为方式 0
        MOV TH1，#63H       ；置定时器初值
        MOV TL1，#18H
        SETB TR1            ；启动 T1
LP1:    JBC TF1，LP2        ；查询计数溢出
        SJMP LP1            ；未到 5ms 继续计数
LP2:    MOV TH1，#63H       ；重新置定时器初值
        MOV TL1，#18H
        DJNZ R3，LP1        ；未到 1s 继续循环
        RET                 ；返回主程序
```

例 6.2 利用 T0 方式 0 产生 1ms 的定时，在 P1.0 端口上输出周期为 2ms 的方波。设晶振频率为 6MHz。

解：要在 P1.0 得到周期为 2ms 的方波，只要使 P1.0 端口每隔 1ms 取反一次即可。

① 设置 T0 的方式字。T0 的方式字为：TMOD＝00H。

TMOD.0、TMOD.1　M1M0=00，T0 工作在方式 0；

TMOD.2　$C/\overline{T}$=0，T0 为定时状态；

TMOD.3　GATE=0，表示计数不受 $\overline{INT0}$ 控制；

TMOD.4～TMOD.7 可为任意字，因不用 T1，这里均取“0”值。

② 计算 1ms 定时 T0 的初值。晶振频率为 6MHz，则机器周期为 2μs，设 T0 的初值为 X，则：$(2^{13}-X)\times2\times10^{-6}=1\times10^{-3}$，这样 X＝7692D＝1111000001100B＝0F00CH。

因此，TH0 的初值为 F0H，TL0 的初值为 0CH。

③ 编程。

方法一，查询方式。采用查询 TF0 的状态来控制 P1.0 输出，程序如下。

```
        ORG 0000H
        LJMP MAIN
        ORG 0030H
MAIN:   MOV TMOD，#00H      ；设置 T0 方式 0
        MOV TL0，#0CH       ；送初值
        MOV TH0，#0F0H
        SETB TR0            ；启动 T0
LOOP:   JBC TF0，NEXT       ；查询定时时间到否
        SJMP LOOP
NEXT:   MOV TL0，#0CH       ；重装计数初值
        MOV TH0，#0F0H
        CPL P1.0            ；取反输出
```

```
        SJPM LOOP
        END
```

采用查询方式的程序比较简单，但在定时器整个计数过程中，CPU 要不断地查询溢出时标志位 TF0 的状态，这就占用了 CPU 工作时间，效率不高。

方法二，中断方式。采用定时器中断方式产生所要求的波形，程序如下。

```
        ORG 0000H
        LJMP MAIN
        ORG 000BH
        LJMP INT0
        ORG 0030H
MAIN:   MOV SP, #50H
        MOV TMOD, #00H          ; 设置T0方式0
        MOV TL0, #0CH           ; 送初值
        MOV TH0, #0F0H
        SETB EA                 ; CPU开中断
        SETB ET0                ; T0允许中断
        SETB TR0                ; 启动T0
HERE:   SJMP HERE               ; 虚拟主程序
INT0:   MOV TL0, #0CH           ; 重装计数初值
        MOV TH0, #0F0H
        CPL P1.0                ; 取反输出
        RETI                    ; 中断返回
        END
```

知识点四　相关指令

1．MOVC A,@A+DPTR

把 A+DPTR 所指外部程序存储单元的值送 A，常用于查找存放在程序存储器中的表格。

2．JZ rel

累加器 A 判 0 指令，若（A）=0，则 PC←PC+rel，否则程序顺序执行。

3．CJNE A,#data,rel

比较转移指令，若 A≠#data，则 PC←PC+rel，否则顺序执行；若 A<#data，则 CY=1，否则 CY=0。

4．DJNZ Rn,rel

R*n*←R*n*−1，若 R*n*≠0，则 PC←PC+rel，否则顺序执行。DJNZ 指令通常用于循环程序中控制循环次数。

5．JB　 bit,rel

位转移指令，若 bit=1，则 PC←PC+rel，否则顺序执行。

6．JC rel

若 CY=0，则 PC←PC+rel，否则顺序执行。

7．DB

格式：[标号：]　DB　字节数据表

定义字节数据伪指令，常用来定义数据表格。

如 CHAR:DB 0C0H,0F9H,0A4H,0B0H,99H,92H,82H,0F8H,80H,90H ;表示从标号CHAR开始的地方将数据从左到右依次存放在指定地址单元。

8．EQU

格式：符号名 EQU 表达式

符号定义伪指令，常用来定义变量，将表达式的值定义为一个指定的符号名。

项目学习评价

一、技能反复训练

① 修改任务一，在P2口接8个发光二极管，依次使它们发光。

② 修改任务二中静态数码管显示的程序，使其能够递减显示F～0这些符号。

③ 修改任务二中动态数码管显示的程序，使其能够完成0～99的计数显示。

④ 修改任务三，增加两个独立按键，使其具有秒加1、减1功能。

⑤ 利用电子时钟的硬件电路，编程实现秒表的功能，最小显示单位为0.01s，最长计时99min，按键实现开始、暂停、停止、清零功能。

二、练习与测试

1．填空题

① 数码管分为________和________两类。

② 要使共阴型8段数码管显示数字6，字形编码应为________。

③ 定时/计数器有_________功能，对_________脉冲加1计数；_________功能，对_________脉冲加1计数。

④ CPU暂停正在处理的工作去处理紧急事件，称为________；待处理完后，再回到原来暂停处往下执行，称为________。

⑤ AT89C51单片机有5个中断源，其自然优先级次序为：________、________、________、________和________。

⑥ CPU响应中断时，5个中断源的中断服务程序入口地址分别为____________、________、________、________和________。

2．简答题

① 中断响应的过程是怎样的？

② AT89C51单片机中，哪些中断可以随中断响应而自动撤销？哪些中断需要用户来撤销？

③ 如何正确识别按键被按下？

④ 如何实现数码管的动态显示？

3．分析题

已知AT89C51单片机系统晶振频率为6MHz，对其定时/计数器编写的程序如下：

```
MOV TMOD,#02H
MOV TH0,#0E7H
```

```
         MOV TL0,#0E7H
         CLR EA
         SETB TR0
ZL:      CLR P1.2
         MOV R0,#07H
DELAY:   JNB TF0,DELAY
         CLR TF0
         DJNZ R0,DELAY
         SETB P1.2
QL:      JBC TF0,ZL
         AJMP QL
```

请分析这段程序，回答以下问题：

① 在这段程序中，采用的是单片机中 T0 还是 T1？用作定时功能还是计数功能？采用哪种工作方式？

② 在这段程序中，采用的是中断方式还是查询方式？

③ 在这段程序中，设置定时/计数器一次溢出的定时时间是多少？

④ 绘制出 P1.2 端口上输出脉冲的波形（标出脉冲宽度和周期）。

4．设计题

① 已知晶振频率 6MHz，编写程序利用 T1 中断方式在 P2.0 端口上输出周期为 0.5s 的方波信号。

② 以中断方式设计单片机秒、分脉冲发生器，使 P2.0 端口每秒钟产生一个机器周期的正脉冲，P2.1 端口每分钟产生一个机器周期的正脉冲。

③ 已知晶振频率 6MHz，若定时器 T0 工作于方式 0，要求定时 20ms，试计算 TH0 和 TL0 的初值是多少？当作为计数器要求计数 2 000 次时，TH0 和 TL0 的初值是多少？

三、自我评价、小组评价及教师评价

评价项目	项目评价内容	分值	自我评价	小组评价	教师评价	得分
理论知识	① 数码管接口方式和编程方法	5				
	② 独立式按键的处理和编程	5				
	③ 定时/计数器的应用和编程	5				
	④ 中断概念及中断处理程序的编程方法	5				
	⑤ 程序流程图的绘制	5				
实操技能	① 汇编程序的编译与调试	5				
	② 仿真开发软件的使用	5				
	③ 一秒电路的制作	5				
	④ 数码显示电路的制作	10				
	⑤ 电子时钟电路的制作	10				
	⑥ 程序的调试与烧写	10				

续表

评价项目	项目评价内容	分值	自我评价	小组评价	教师评价	得分
安全文明生产	① 正确使用软件和仿真仪	5				
	② 正确使用工具，元件无损坏	5				
	③ 安全用电	5				
学习态度	① 出勤情况	5				
	② 实操纪律	5				
	③ 团队协作精神	5				

四、个人学习总结

成功之处	
不足之处	
改进方法	

项目七　温度测量电路的制作

项目情境创设

现代生活中的各种家用电器几乎都带有温度显示功能，比如冰箱、空调、热水器、万年历等。今天我们就来使用单片机制作一个温度测量和显示电路。

项目学习目标

项目学习目标		学习方式	学　时
技能目标	① 掌握 A/D 转换电路的制作。 ② 掌握温度采样电路的原理和制作。 ③ 掌握将转换的数字信号换算成实际温度值的方法。 ④ 掌握相应电路的程序编写	学生实际制作，教师指导调试和维修	6 课时
知识目标	① 了解系统扩展的方法和外设地址的推算。 ② 掌握 ADC0809 与单片机的接口电路。 ③ 掌握 A/D 接口电路的编程方法	教师讲授重点：熟悉LED数字钟的电路原理和数字电路基本理论	6 课时

项目基本功

一、项目基本技能

任务一　A/D 转换电路的制作

任务要求：将电位器输出的 0～+5V 的模拟电压转换成数字信号，由 8 个 LED 发光二极管以二进制形式进行显示。调节电位器，输入的模拟电压改变，发光二极管的亮灭关系即为转换的数字信号的值。

1．硬件电路制作

硬件电路主要由 CPU、晶体振荡电路、复位电路、A/D 转换电路、LED 显示电路等组成。其组成方框图如图 7-1 所示。

（1）复位、晶振及显示电路

CPU：选用 AT89S51，4KB 片内程序存储器。

晶体振荡电路：选用 12MHz 晶振。

复位电路：采用上电复位和手工复位。

LED 显示电路：为使电路简单，采用 8 位LED发光二极管的亮/灭来显示转换结果，低电平有效，复位、晶振及显示电路如图 7-2 所示。

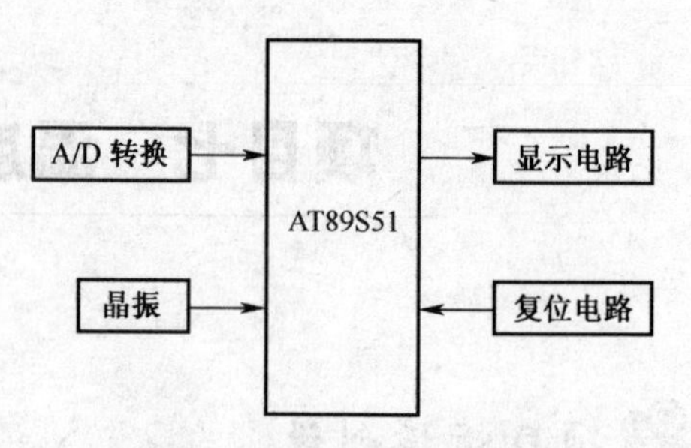

图 7-1　A/D 转换电路方框图

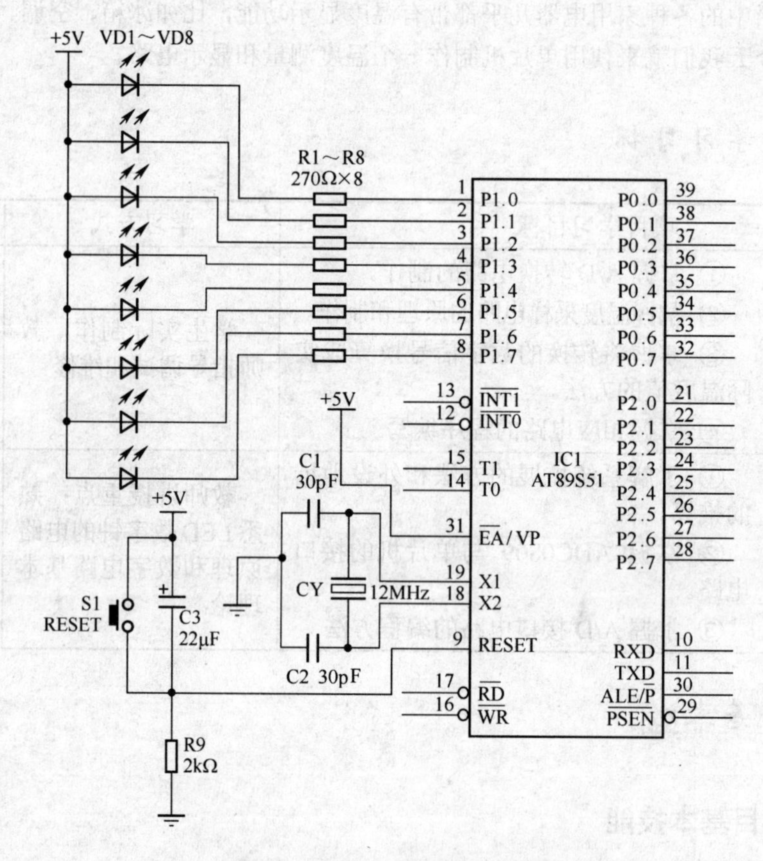

图 7-2　复位、晶振及显示电路

（2）A/D 转换及其接口电路

A/D 转换及其接口电路如图 7-3 所示。调节电位器，输入的模拟电压在 0～+5V 变化。A/D 转换器选用 ADC0809，根据图 7-3 所示可知，模拟信号是由 ADC0809 的“0”通道输入，将 A、B、C 三根地址线接地便可选中该通道，P2.7 取低电平，因此 ADC0809“0”通道的地址是 7FFFH，AT89S51 向该地址执行写指令即可启动转换，时钟信号来自 AT89S51 的 ALE，A/D 的“EOC”经过反相后作为 AT89S51 的外部中断 1 的中断请求信号，每次转换结束产生一次中断请求。

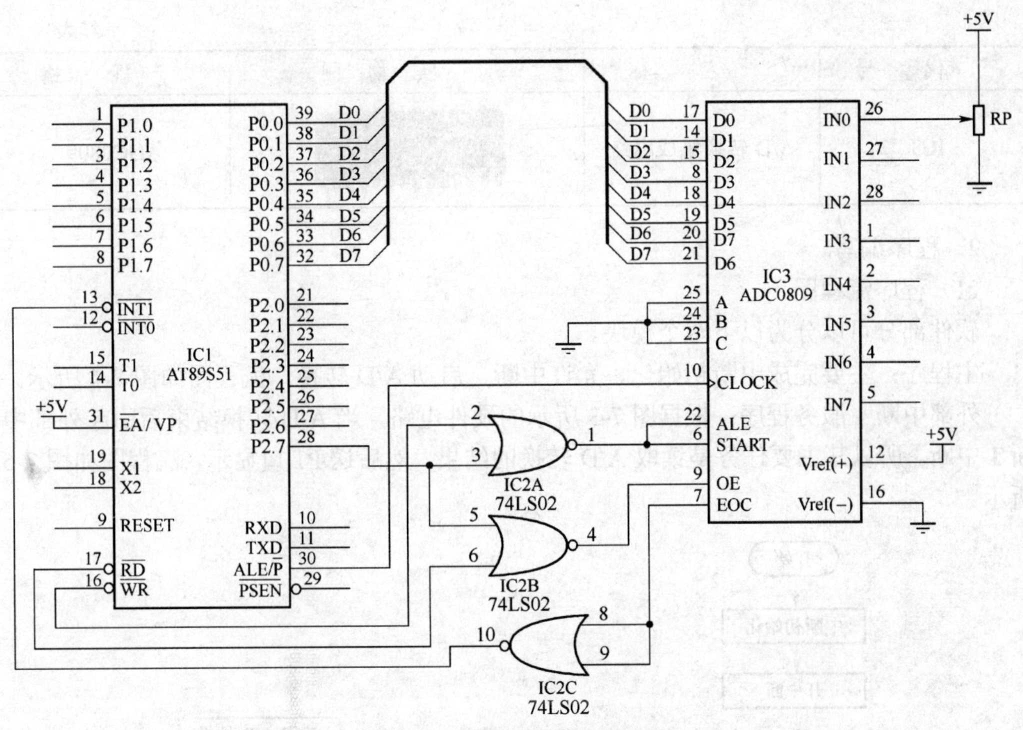

图 7-3　A/D 转换及其接口电路

（3）元器件清单

A/D 转换电路元器件清单如表 7-1 所示。

表 7-1　　　　　　　　A/D 转换电路元器件清单

代　号	名　称	实 物 图	规　格
R1～R8	电阻		270Ω
R9	电阻		2kΩ
VD1～VD8	发光二极管		红色 $\phi5$
C1、C2	瓷介电容		30pF
C3	电解电容		22μF
S1	轻触按键		
CY	晶振		12MHz
IC1	单片机		AT89S51
	IC 插座		40 脚
RP	电位器		10kΩ
IC2	四或非门		74LS02

续表

代号	名称	实物图	规格
IC3	A/D 转换集成电路		ADC0809

2．程序编写

（1）程序流程图

软件部分可以分为以下两个模块。

主程序：主要完成中断初始化、允许中断、启动 A/D 转换。流程图如图 7-4 所示。

外部中断 1 服务程序：根据图 7-3 所示的硬件电路，当 A/D 转换结束后引起外部中断 1 中断。所以其主要任务是读取 A/D 转换的结果，然后送 P1 口显示，流程图如图 7-5 所示。

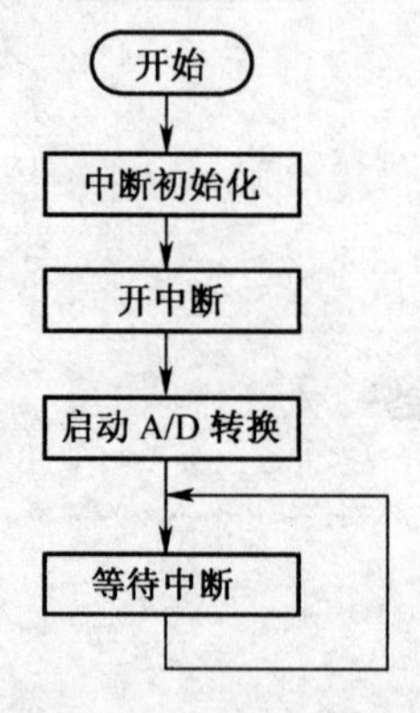

图 7-4　主程序流程图

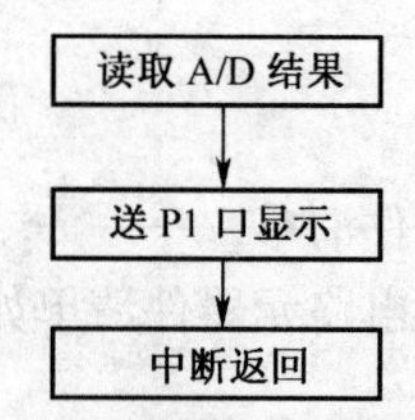

图 7-5　外部中断 1 服务程序

（2）参考程序

```
        ORG 0000H           ;复位入口地址
        LJMP START          ;转移到程序初始化部分 START
        ORG 0013H           ;外部中断 1 入口地址
        LJMP WAI1           ;转移到外部中断 1 的服务程序 WAI1
START:  SETB IT1            ;中断方式为边沿触发方式
        SETB EA             ;开总中断
        SETB EX1            ;开外部中断 1
        MOV DPTR,#7FFFH     ;ADC0809 的地址
        MOVX @DPTR,A        ;启动 A/D 转换
MAIN:   SJMP $              ;主程序并不执行任何任务，只是等待中断
        LJMP MAIN
                            ;外部中断服务程序
WAI1:   MOVX A,@DPTR        ;读入 A/D 转换结果
        MOV P1,A            ;送到 P1 口显示
        MOVX @DPTR,A        ;再次启动 A/D 转换
        RETI
```

任务二 温度测量电路的制作

任务要求：由热敏电阻将温度信号转换成电压信号，经 A/D 转换后由数码管以十进制的形式显示。

1. 硬件电路制作

硬件电路在任务一所制作的 A/D 转换电路基础上，只需增加温度采样电路，并将 LED 发光二极管显示电路改为 LED 数码管显示电路即可。其组成方框图如图 7-6 所示。

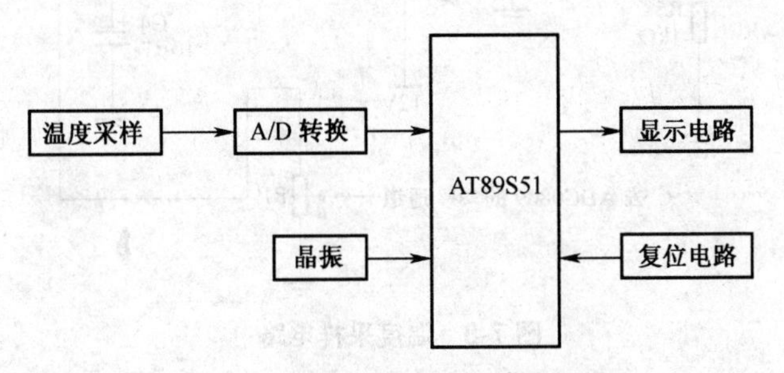

图 7-6 温度测量电路组成方框图

(1) 显示电路

数码显示电路：数码管用 3 位，显示正温度时显示百位、十位和个位，显示负温度时显示“－”号、十位、个位。为节约硬件投入，电路采用软件译码、动态扫描方式（P1 口提供段码，P3 口 P3.0、P3.1、P3.2 作为位控）。复位、晶振及显示电路如图 7-7 所示。

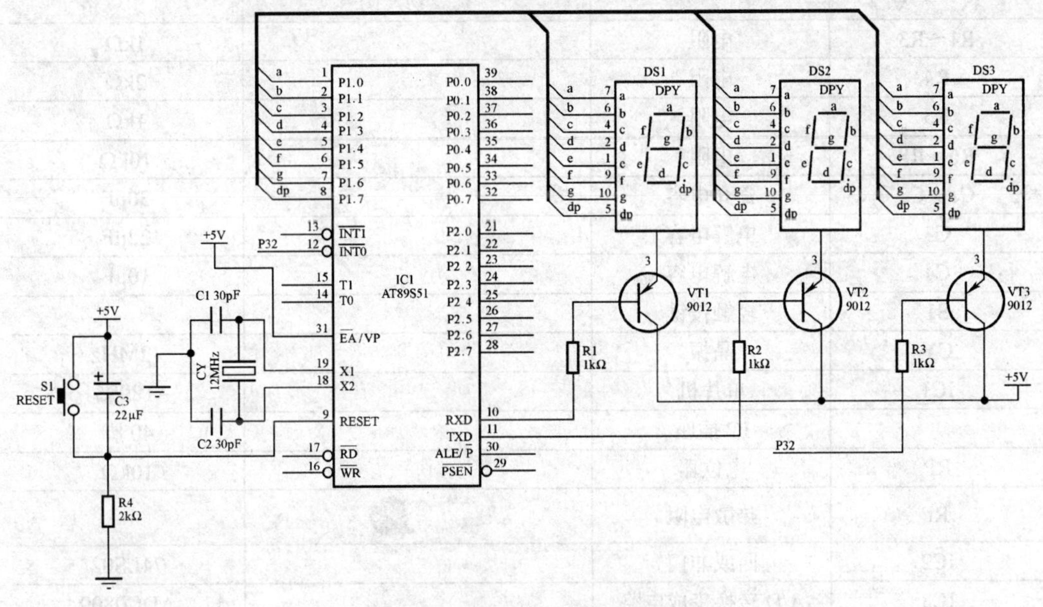

图 7-7 复位、晶振及显示电路

(2) 温度采样、A/D 转换及其接口电路

温度采样电路如图 7-8 所示。温度传感器选用热敏电阻，将模拟温度信号转换成电压信号，经放大器放大后进入 A/D 转换电路。

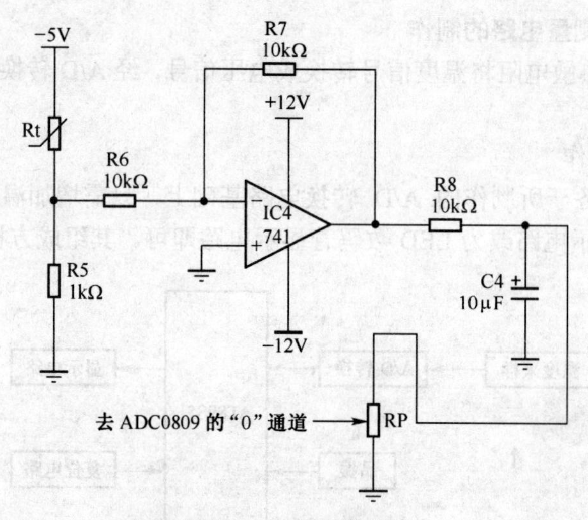

图 7-8　温度采样电路

A/D 转换及其接口电路仍采用如图 7-3 所示的电路，来自温度采样电路的模拟电压信号由 ADC0809 的“0”通道输入，电位器的滑动端滑至最上端。

（3）元器件清单

温度测量电路元器件清单如表 7-2 所示。

表 7-2　温度测量电路元器件清单

代　号	名　称	实 物 图	规　格
R1～R3	电阻		1kΩ
R4	电阻		2kΩ
R5	电阻		1kΩ
R6～R8	电阻		10kΩ
C1、C2	瓷介电容		30pF
C3	电解电容		22μF
C4	电解电容		10μF
S1	轻触按键		
CY	晶振		12MHz
IC1	单片机		AT89S51
	IC 插座		40 脚
RP	电位器		10kΩ
Rt	热敏电阻		
IC2	四或非门		74LS02
IC3	A/D 转换集成电路		ADC0809
IC4	集成运放		741
VT1～VT3	三极管		9012
DS1～DS3	共阳极数码管		

（4）电路制作

温度测量电路装接图如图 7-9 所示。

注意：本项目制作比较复杂，且集成运算放大器 741 需要±12V 的双电源供电（图 7-9 未接），有条件的话可以制作印制电路板进行制作。

图 7-9　温度测量电路装接图

2．程序编写

（1）程序流程图

根据系统实现的功能，软件要完成的工作是：读取 A/D 转换结果、计算其对应的温度值、以十进制形式显示温度值。其效果如图 7-10 所示。

图 7-10　温度显示效果图

其中温度范围的计算原理是：首先把 A/D 转换输入端电位器的滑动端滑至最上端，即模拟信号的输入不衰减，选取两个温度状态 T_1、T_2，分别测量出其模拟输出电压 V_1、V_2；根据 ADC0809 的输入范围在 0～5V，即可计算出温度极限。

0V 时对应的温度 T_L：$T_1-(V_1-0)(T_2-T_1)/(V_2-V_1)$

5V 时对应的温度 T_H：$T_1-(V_1-5)(T_2-T_1)/(V_2-V_1)$

程序中温度的计算原理是：首先用温度范围除以 256（即每个数字量对应的温度变化量），然后乘以模拟转换的数字量，即得到升高的温度，再和最低温度相加，就可以得到实际的温度值。其公式为：$T_L+A_X(T_H-T_L)/256$。

其中，T_L：显示的最低温度；

T_H：显示的最高温度；

A_X：模拟电压所转换的数字量。

软件部分可以分为以下几个模块。

主程序：主要完成中断初始化、允许中断、启动 A/D 转换。流程图如图 7-11 所示。

外部中断 1 服务程序：根据图 7-3 所示的硬件电路，当 A/D 转换结束后，引起外部中断 1 中断。所以外部中断 1 服务程序的主要任务是读取 A/D 转换的结果，然后进行数据处理，再以 BCD 码的形式送显示缓冲区用于显示。显示缓冲区使用 32H 单元存放百位 BCD 码、31H 单元存放十位 BCD 码、30H 单元存放个位 BCD 码。因为在显示子程序中和外部中断 1 服务程序中都要使用累加器 A 和数据指针 DPTR，所以这里必须对这两个寄存器进行保护，即所谓的现场。外部中断 1 服务程序流程图如图 7-12 所示。

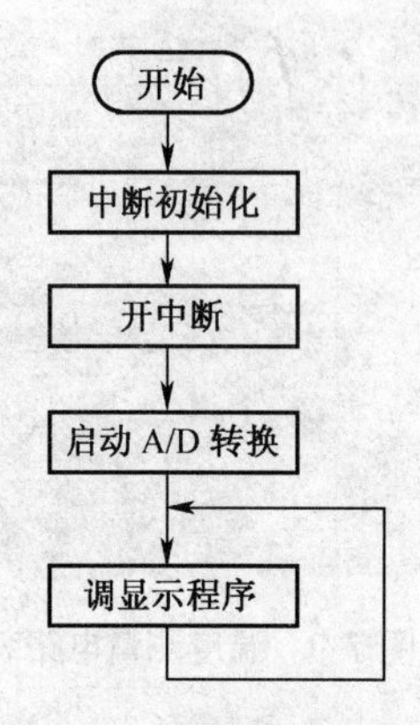

图 7-11　主程序流程图

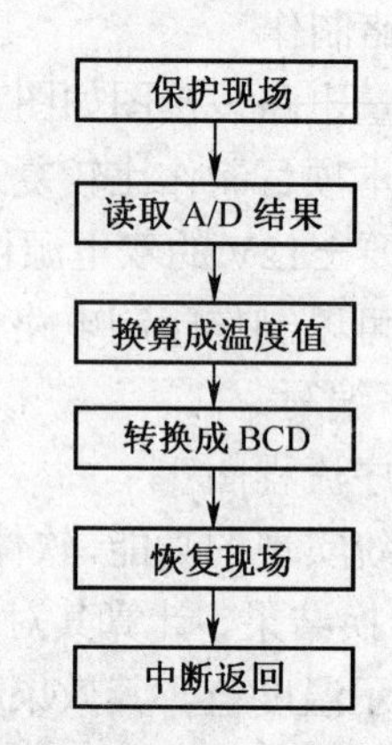

图 7-12　外部中断 1 服务程序流程图

显示子程序：采用软件译码、动态扫描方式，将 A/D 转换结果显示在三位数码管上，流程图如图 7-13 所示。

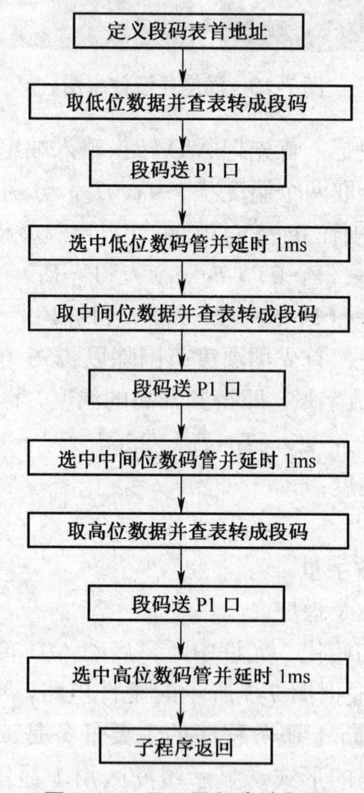

图 7-13　显示子程序流程图

（2）显示字形码

根据图 7-7 所示的电路，由下表可求得数码管字形编码如表 7-3 所示。

表 7-3　　　　共阳型 8 段数码管字形编码表

显示字符	字形	共阳极								
		dp	g	f	e	d	c	b	a	字形码
0		1	1	0	0	0	0	0	0	C0H
1		1	1	1	1	1	0	0	1	F9H
2		1	0	1	0	0	1	0	0	A4H
3		1	0	1	1	0	0	0	0	B0H
4		1	0	0	1	1	0	0	1	99H
5		1	0	0	1	0	0	1	0	92H
6		1	0	0	0	0	0	1	0	82H
7		1	1	1	1	1	0	0	0	F8H
8		1	0	0	0	0	0	0	0	80H
9		1	0	0	1	0	0	0	0	90H
熄灭		1	1	1	1	1	1	1	1	FFH
-	—	1	0	1	1	1	1	1	1	BFH

（3）参考程序

运行程序前须先将电位器 RP 滑至最上端，使输入的模拟信号无衰减。当电位器向下滑动时，衰减输入的模拟信号可模拟出低温状态。

```
        ORG 0000H
        LJMP START
        ORG 0013H              ;外部中断 1 入口地址
        LJMP WAI1              ;转移到外部中断 1 的服务程序 WAI1
START:  SETB IT1               ;中断方式为边沿触发方式
        SETB EA                ;开总中断
        SETB EX1               ;开外部中断 1
        MOV DPTR,#7FFFH        ;ADC0809 的地址
        MOVX @DPTR,A           ;启动 A/D 转换
        CLR F0                 ;温度正负值标志位，“1”为负值
MAIN:   LCALL DISP             ;调显示子程序
        LJMP MAIN
                               ;外部中断 1 服务程序
WAI1:   PUSH A                 ;保护现场，需保护的寄存器是 A 和 DPTR
        PUSH DPL
        PUSH DPH
        MOV DPTR,#7FFFH        ;ADC0809 的地址
        MOVX A,@DPTR           ;读入 A/D 转换结果
        MOV B, #200            ;(TH-TL)
        MUL AB                 ;AX (TH-TL)
        MOV A,B                ;右移 8 位相当于除以 256
```

```
        SUBB A, #50          ;+TL（注意 TL 为-50）
        JNC GOON             ;温度为正，则转移
        SETB F0              ;温度为负，置温度标志位
        DEC A                ;温度为负，则求补码
        CPL A
Goon:   LCALL BCD8421        ;调 BCD 码转换子程序
        MOVX @DPTR,A         ;再次启动 A/D 转换
        POP DPH              ;恢复现场
        POP DPL
        POP A
        RETI
                             ;BCD 码转换子程序
BCD8421:MOV B,#64H
        DIV AB               ;除以 100，商为百位存于 A，余数存于 B
        MOV 32H,A            ;百位存放在 32H 单元
        MOV A,B              ;余数送 A
        MOV B,#0AH
        DIV AB               ;除以 10，商为十位存于 A，余数为个位存于 B
        MOV 31H,A            ;十位存放在 31H 单元
        MOV 30H,B            ;个位存放在 30H 单元
        RET
                             ;显示子程序
DISP:   SETB P3.0            ;熄灭 3 位数码管
        SETB P3.1
        SETB P3.2
        MOV DPTR,#SEGTAB     ;字形表首地址送 DPTR
        CLR P3.2             ;选中低位数码管
        MOV A,30H            ;取个位数
        MOVC A,@A+DPTR       ;查个位字形码
        MOV P1,A             ;个位字形码送 P1 口
        LCALL DELAY          ;延时
        SETB P3.2            ;熄灭低位数码管
        CLR P3.1
        MOV A,31H
        MOVC A,@A+DPTR
        MOV P1,A
        LCALL DELAY
        SETB P3.1
        CLR P3.0
        JB F0,FUZHI          ;温度为负，转移到 FUZHI
        MOV A,32H            ;温度为正，取百位数
        SJMP ZHENG
FUZHI:  MOV A,#11            ;温度为负，高位显示“－”号
        CLR F0               ;清温度标志位
ZHENG:  MOVC A,@A+DPTR       ;查字形表
        MOV P1,A
        LCALL DELAY
```

```
        SETB P3.0
        RET
                                  ;延时子程序
DELAY:  MOV R0,#0FFH
        DJNZ R0,$
        RET
                                  ;数码管字形表
SEGTAB: DB C0H,F9H,A4H,B0H,99H,92H          ;0,1,2,3,4,5
        DB 82H,F8H,80H,90H,FFH,BFH          ;6,7,8,9, ,-
```

注意：本电路只是提供一种制作温度测量电路的思路，其测量精度不高，要想制作高精度的温度测量和显示电路，可选用专用的温度传感器芯片。

任务三　程序调试与烧写

使用仿真器调试程序。程序调试完成后，使用编程器将编译的十六进制文件烧写入单片机，将单片机从编程器上取下，插入电路板的IC插座上，给电路板接上5V电源，观察电路运行情况。

二、项目基本知识

知识点一　系统扩展

当单片机自身的硬件资源不够用时，就需要进行扩展。系统扩展的任务实际是用3组总线（数据总线、地址总线、控制总线）将外部的芯片或电路与CPU连起来构成一个整体。

1．系统总线及总线结构

对于MCS-51单片机，其3组总线由下列引线组成。

数据总线（8位）：由P0口提供。数据总线的连接方法如图7-14所示。

地址总线（16位）：由P2口提供高8位地址线。由P0口提供低8位地址线。由于P0口既是数据线又是地址线，数据、地址分时复用，所以需外加地址锁存器锁存低8位地址。地址总线的连接方法如图7-15所示。

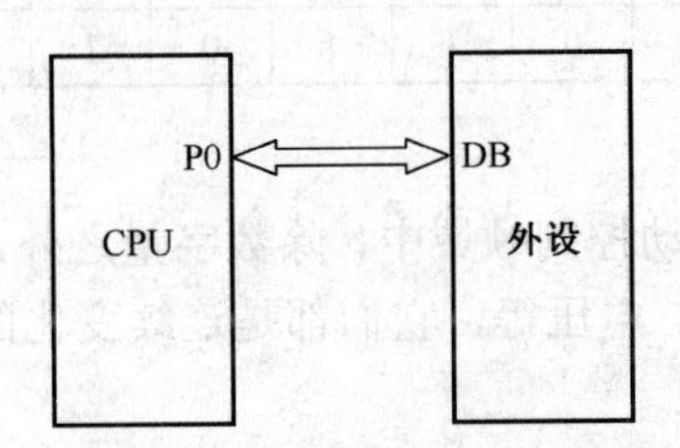

图7-14　数据总线的连接方法

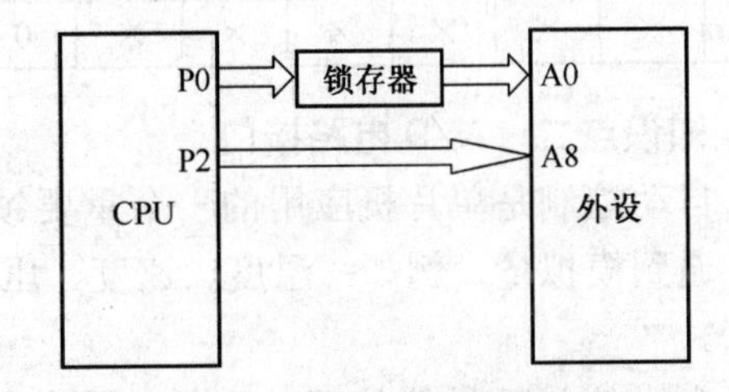

图7-15　地址总线的连接方法

控制总线：扩展系统时常用的控制线有4条。ALE为地址锁存信号，连接锁存器的控制脚；$\overline{\text{PSEN}}$为片外程序存储器读控制信号，连接片外程序存储器的$\overline{\text{OE}}$脚；$\overline{\text{RD}}$为读控制信号，连接外设$\overline{\text{OE}}$或$\overline{\text{RD}}$脚；$\overline{\text{WR}}$为写控制信号，连接外设$\overline{\text{WE}}$或$\overline{\text{WR}}$脚。

综上所述，单片机三总线结构扩展示意图如图7-16所示。

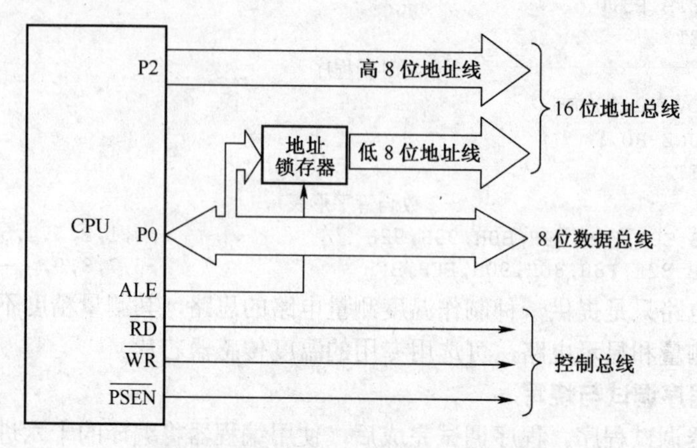

图 7-16　单片机三总线结构扩展示意图

2．外设的编址

为了区分不同的外设，通常在系统扩展时需要给每一个外设编一个地址，使对于一个外设地址，只能有一个外设被选通。给外设编地址实际上就是给外设编控制选通的地址。

扩展完芯片后，我们可以用地址表来分析外设的地址。地址表如表 7-4 所示，地址表的第 1 行是 CPU 的所有地址线，高 8 位地址（P2 口提供）和低 8 位地址（P0 口提供）；第 2 行是外设对应的地址线（外设的地址线不一定有 16 根）；第 3 行是地址线的具体取值，根据电路的连接情况取"0"或者取"1"，对于没有连接的地址线可以取"0"，也可以取"1"，这时记为"×"。为便于计算，常常将"×"全部取"1"。在表 7-4 中，所形成的地址是：FEDBH。

表 7-4　地址表

P2.7	P2.6	P2.5	P2.4	P2.3	P2.2	P2.1	P2.0	P0.7	P0.6	P0.5	P0.4	P0.3	P0.2	P0.1	P0.0
A15	A14	A13	A12	A11	A10	A9	A8	A7	A6	A5	A4	A3	A2	A1	A0
×	×	×	×	×	×	×	0	1	1	0	1	1	0	1	1

知识点二　A/D 电路接口

自动控制是单片机应用的一个重要领域。在自动控制领域中，除数字量之外，经常会遇到模拟量，例如：温度、速度、压力、电流、电压等，它们都是连续变化的物理量。

由于计算机只能处理数字量，因此计算机系统中凡遇到有模拟量的地方，就要进行模拟量向数字量或数字量向模拟量的转换，也就出现了单片机的模/数转换（A/D）和数/模转换（D/A）的接口问题。下面以 ADC0809 为例来说明 A/D 接口电路及其应用。

1．ADC0809 简介

（1）ADC0809 内部逻辑结构

ADC0809 的内部逻辑结构框图如图 7-17 所示。

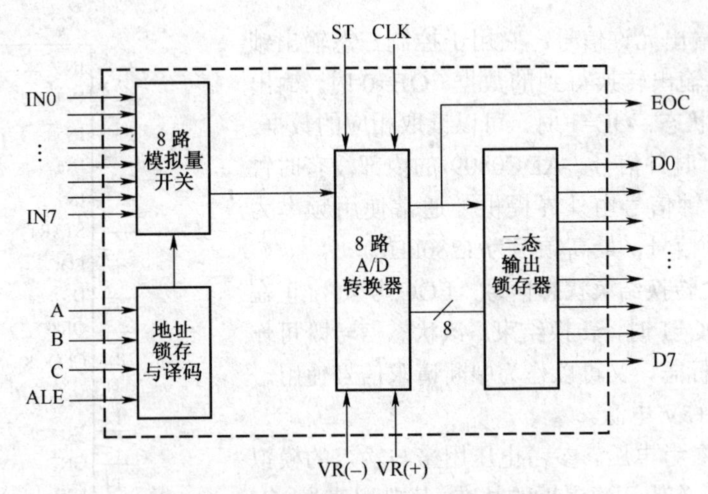

图 7-17　ADC0809 内部逻辑结构框图

图中多路模拟量开关可选通 8 个模拟通道，允许 8 路模拟量分时输入，并共用 1 个 A/D 转换器进行转换。地址锁存器与译码电路完成对 A、B、C 三个地址位进行锁存和译码，其译码输出用于通道选择，如表 7-5 所示。

表 7-5　ADC0809 通道选择表

C	B	A	选择的通道
0	0	0	IN0
0	0	1	IN1
0	1	0	IN2
0	1	1	IN3
1	0	0	IN4
1	0	1	IN5
1	1	0	IN6
1	1	1	IN7

（2）ADC0809 的引脚及功能

ADC0809 芯片为 28 引脚双列直插式封装，其引脚排列如图 7-18 所示。

各引脚的功能如下。

① IN7～IN0：模拟量输入通道。ADC0809 对输入模拟量的要求主要有：信号单极性，电压范围 0～5V，若信号输入过小还须放大。另外，模拟量输入在 A/D 转换过程中其值不应变化，而对变化速度快的模拟量，在输入前应增加采样保持电路。

② A、B、C：模拟通道地址线。A 为低位，C 为高位，用于对模拟通道进行选择。其地址状态与通道相对应的关系如表 7-5 所示。

③ ALE：地址锁存信号。对应于 ALE 上跳沿，A、B、C 地址状态送入地址锁存器中。

④ START：转换启动信号。START 上跳沿时，所有内部寄存器清零；START 下跳沿时，开始进行 A/D 转换。在 A/D 转换期间，START 应保持低电平。

⑤ D7～D0：数据输出线。该数据输出线为三态缓冲输出形式，可以和单片机的数据线直接相连。

⑥ OE：输出允许信号。它用于控制三态输出锁存器向单片机输出转换得到的数据。OE=0 时，输出数据线呈高阻状态；OE=1 时，可以读取相应的数据。

⑦ CLK：时钟信号。ADC0809 的内部没有时钟电路，所需时钟信号由外界提供，通常使用频率为 500kHz 的时钟信号，最高频率为 1280kHz。

⑧ EOC：转换结束状态信号。EOC=0 时，正在进行转换；EOC=1 时，转换结束。该状态信号既可作为查询的状态标志，又可以作为中断请求信号使用。

⑨ V_{CC}：+5V 电源。

⑩ V_{ref}：参考电压。参考电压用来与输入的模拟信号进行比较，作为逐次逼近的基准。其典型值为+5V（$V_{ref}(+)$=+5V，$V_{ref}(-)$=0V）。

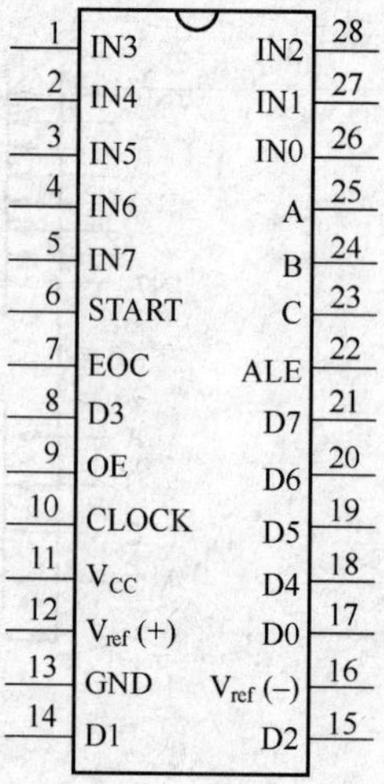

图 7-18　ADC0809 的引脚排列图

2．ADC0809 与 MCS-51 的接口

ADC0809 与 MCS-51 单片机的一种常用连接方法如图 7-19 所示。

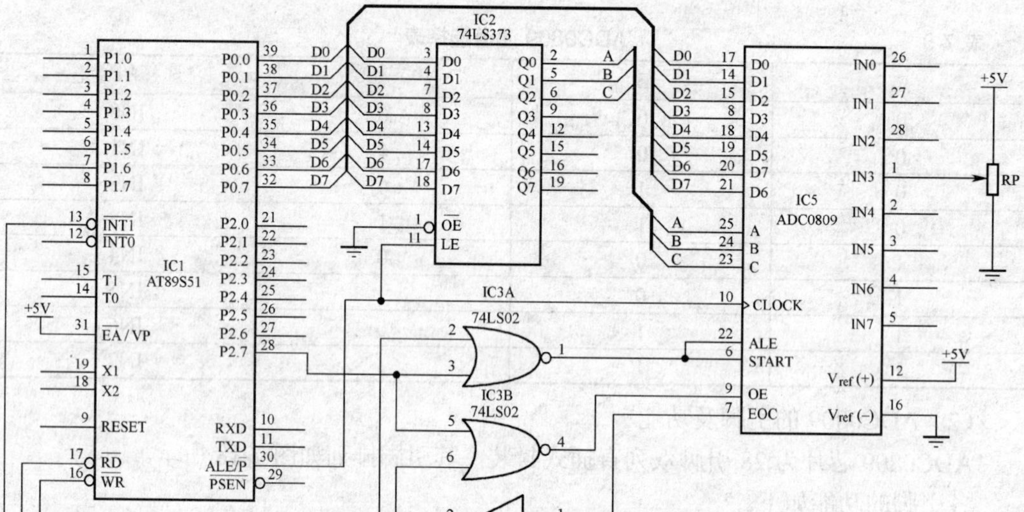

图 7-19　ADC0809 与 MCS-51 的常用连接图

电路连接主要涉及两个问题，一个是 8 路模拟信号的通道选择及启动转换，另一个是 A/D 转换完成后转换数据的传送。

（1）8 路模拟信号的通道选择及启动转换

ADC0809 的模拟通道地址线 A、B、C 分别接系统地址锁存器提供的低 3 位地址，只要把 3 位地址写入 ADC0809 中，就实现了模拟通道的选择。口地址由 P2.0 确定，以 $\overline{WR}$ 作为写选通信号，$\overline{RD}$ 作为读选通信号。

由图 7-19 所示，启动 A/D 转换需要使 P2.7 和 $\overline{WR}$ 同时为“0”，因此，只要将 P2.0

清零，执行 1 条 MOVX 指令就可以启动 A/D 转换。IN3 通道的地址可按表 7-6 所示确定，“×”表示没有连接的无关项，在取值时可以取“0”，也可以取“1”，常常将“×”全部取“1”，因此，其地址为：FEFBH。

表 7-6　　通道地址表

P2.7	P2.6	P2.5	P2.4	P2.3	P2.2	P2.1	P2.0	P0.7	P0.6	P0.5	P0.4	P0.3	P0.2	P0.1	P0.0
A15	A14	A13	A12	A11	A10	A9	A8	A7	A6	A5	A4	A3	A2	A1	A0
×	×	×	×	×	×	×	0	×	×	×	×	×	0	1	1

例如，要选择通道 3 时，采用如下两条指令，即可启动 A/D 转换：

```
MOV     DPTR，#0FEFBH          ；送入通道 3 的地址
MOVX    @DPTR，A               ；启动 A/D 转换（IN3）
```

注意：此处累加器 A 的值与 A/D 转换无关，目的是产生一个写信号，可为任意值。

（2）转换数据的传送

A/D 转换从启动到转换完成需要一定的时间，在此期间，CPU 须等待转换完成后才能进行数据传送。因此，数据传送的关键问题是如何确认 A/D 转换的完成，通常可采用延时、查询和中断方式，直到 EOC=1。

不管使用哪种方式，只要一旦确认转换结束，便可以通过指令进行数据传送。所用的指令为 MOVX 读指令，其过程如下：

```
MOV     DPTR,  #0FEFBH         ；送入通道 3 的地址
MOVX    A,  @DPTR              ；将转换结果送入 A
```

由于 ADC0809 的地址线只有 A、B、C 三根，而 P2 口所提供的地址是不需要锁存的，所以在和 CPU 连接时也可以不使用锁存器，而将 ADC0809 的地址线连接在 P2 口上。ADC0809 与 MCS-51 单片机的另一种常用连接方法如图 7-20 所示。其地址请读者自己确定。

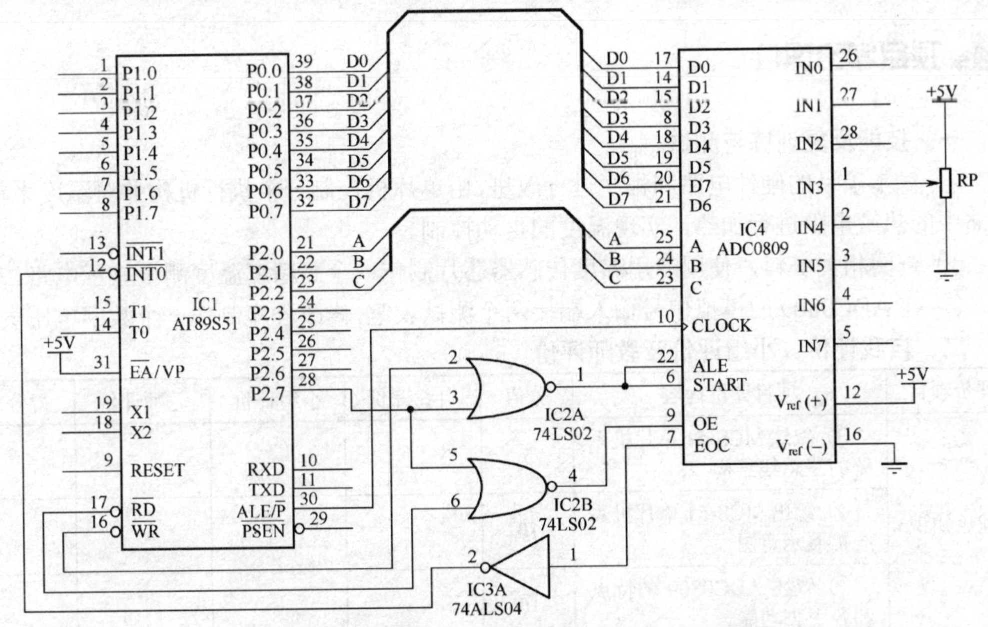

图 7-20　ADC0809 与 MCS-51 单片机的简单连接图

知识点三　相关指令

本项目相关指令主要有：MOVX、MUL、SUBB

1．数据传送指令 MOVX

MOVX 指令是专门用于和外部 RAM 或外设进行数据传送的指令，共有 4 条指令：

```
MOVX A,@Ri              ;将以 Ri 中的数为地址的外部 RAM 中的数送 A;
MOVX a,@DPTR            ;将以 DPRT 中的数为地址的外部 RAM 中的数送 A;
MOVX @Ri,A              ;将 A 中的数送到以 Ri 中的数为地址的外部 RAM 中;
MOVX @DPTR,A            ;将 A 中的数送到以 DPTR 中的数为地址的外部 RAM 中。
```

说明：

① 对外部 RAM（包括外设）的访问只能通过累加器 A。

② 对外部 RAM（包括外设）的访问以 Ri 或 DPTR 作为间接地址传送。

③ MOVX 相当于单片机的输入输出指令。

2．减法指令 SUBB

减法指令有以下 4 条：

```
SUBB A,Rn               ;A 中的数减寄存器中的数，结果存放在 A;
SUBB A,@Ri              ;A 中的数减以 Ri 中的数为地址的单元中的数，结果存放在 A;
SUBB A,direct           ;A 中的数减直接地址中的数，结果存放在 A;
SUBB A,#data            ;A 中的数减立即数，结果存放在 A;
```

说明：减法指令都是以 A 为被减数，差均存放在 A。

3．乘法指令 MUL

指令格式：MUL AB

格式说明：将累加器 A 的内容与寄存器 B 的内容相乘，乘积的低 8 位存放在 A 中，高 8 位存放在 B 中。

项目学习评价

一、技能反复训练与测试

① 对本项目的硬件电路和程序进行改进，由单片机控制一个执行机构并对温度采样电路中的热敏电阻进行加热，实现温度的自动控制。

② 查阅相关资料，使用专用温度传感器芯片制作一个高精度温度测量显示电路。

③ 在 ADC0809 的模拟信号输入端接两个测试表笔，修改程序制作一个数字电压表。

二、自我评价、小组评价及教师评价

评价项目	项目评价内容	分值	自我评价	小组评价	教师评价	得分
理论知识	① 叙述 MCS-51 单片机系统的三总线结构	5				
	② 绘出 MCS-51 单片机系统扩展示意图	10				
	③ 叙述 ADC0809 的特点和各引脚功能	10				

续表

评价项目	项目评价内容	分值	自我评价	小组评价	教师评价	得分
理论知识	④ 绘出 ADC0809 与 MCS-51 单片机两种常用的连接图	10				
实操技能	① A/D 转换电路的制作（含程序）	10				
	② 温度测量电路的制作（含程序）	15				
	③ 程序调试和烧写	10				
安全文明生产	① 正确开、关计算机	5				
	② 工具、仪器仪表的使用及放置	5				
	③ 实验台的整理和卫生保持	5				
学习态度	① 出勤情况	5				
	② 实验室纪律	5				
	③ 团队协作精神	5				

三、个人学习总结

成功之处	
不足之处	
改进方法	

*项目八　单片机串行口收发电路的制作

项目情境创设

在单片机系统中，经常需要将单片机的数据交给PC机来处理，或者将PC机的一些数据交给单片机来执行，这就需要单片机和PC机之间进行通信。下面我们就来制作简单的单片机与PC机的收发电路。

项目学习目标

项目学习目标		学习方式	学时
技能目标	① 学会单片机与PC机收发电路的制作。 ② 掌握MCS-51单片机串行口收发程序的编写要点	学生实际制作，教师指导调试和维修	6课时
知识目标	① 了解MCS-51单片机串行口。 ② 了解MCS-51单片机的工作方式。 ③ 掌握RS-232电平转换电路	教师讲授重点：熟悉LED数字钟的电路原理和数字电路基本理论	4课时

项目基本功

一、项目基本技能

任务一　单片机与PC机收发电路的制作

任务要求：单片机通过串行接口电路和PC机进行相互通信，单片机将P0口的电平开关状态发送给PC机，由PC机显示其对应的十六进制数；PC机将00H～FFH中的某一个数发送给单片机，由单片机P1所接的8个发光二极管以二进制数形式显示其数值。

硬件电路主要由两大部分组成，一是以单片机为核心的电平开关电路、二极管电平显示电路及发送按键电路，二是电平转换电路。其组成方框图如图8-1所示。

1．硬件电路制作

（1）电平开关、电平显示及按键电路

电平开关、电平显示及按键电路如图8-2所示。

（2）电平转换电路

电平转换电路如图8-3所示。单片机的P3.0、P3.1分别接MAX232串行总线口的

RXD、TXD，九孔串行线与PC通过专用RS-232通信线连起来。

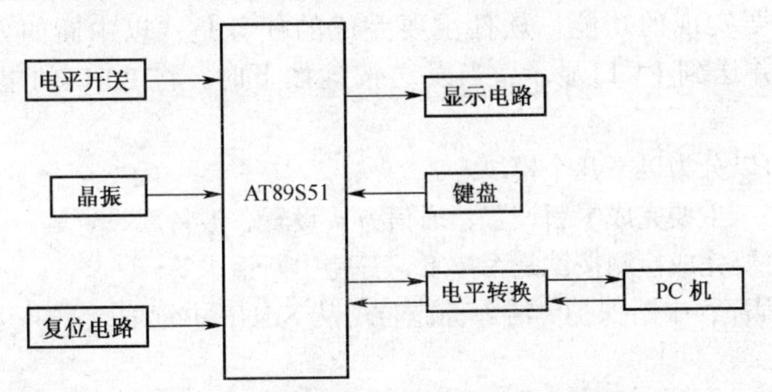

图8-1 单片机与PC机收发电路方框图

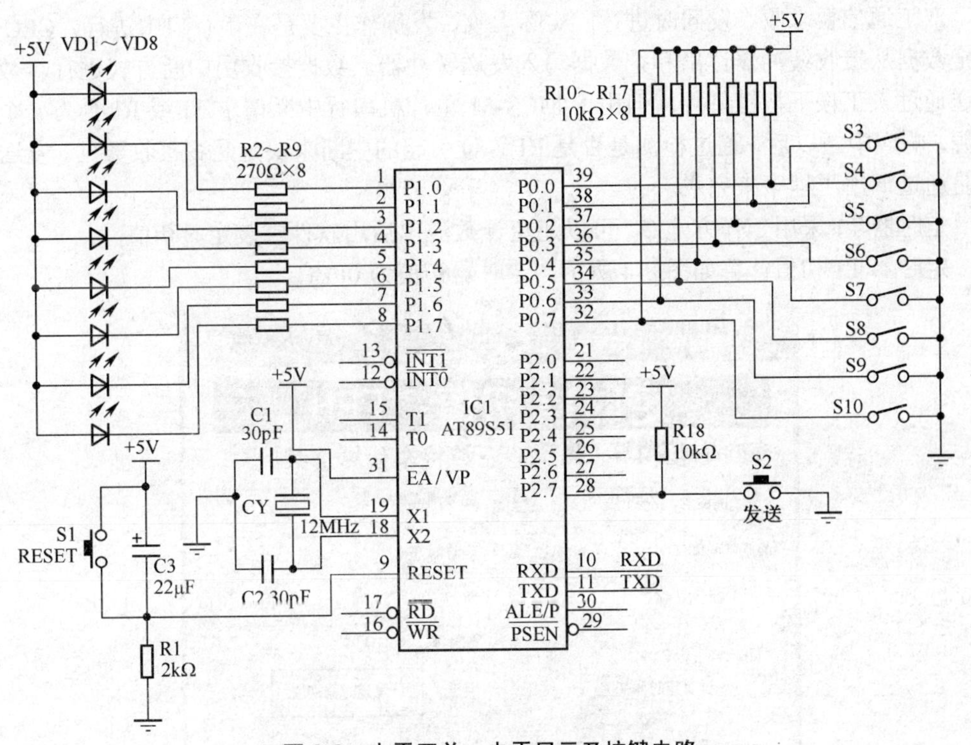

图8-2 电平开关、电平显示及按键电路

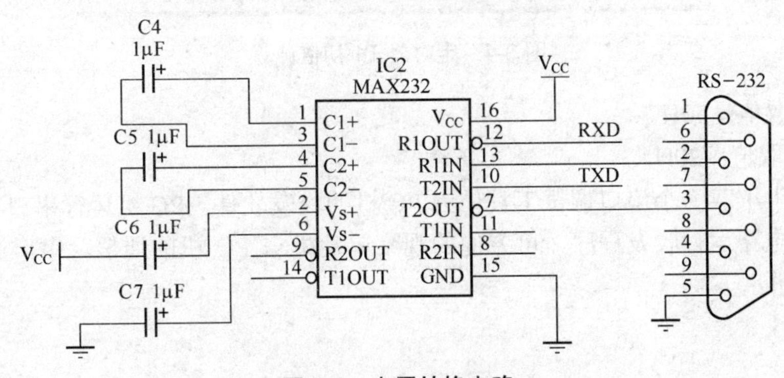

图8-3 电平转换电路

2．程序编写

根据系统要实现的功能，软件主要完成的任务是：以中断的方式接收 PC 机发送的数据，并送到 P1 口显示；当发送按键按下时，将 P0 口的电平状态发送给 PC 机。

软件部分可以分为以下几个模块。

初始化程序：主要完成中断设置、通信方式设置、波特率设置等。

主程序：主要完成检测按键是否按下、等待中断请求等。

中断服务程序：中断保护、清除标志位、从 SBUF 中读取数据并进行存放或其他处理。

由于收发的为 8 位十六进制数，故可采用串行口工作方式 1。

双工通信要求收、发同时进行。实际上收、发操作主要是在串行口中进行，CPU 只是把数据从接收缓冲器读出和把数据写入发送缓冲器。数据接收用中断方式进行。数据发送通过人工按下按键进行。但由于 MCS-51 单片机串行中断请求 TI 或 RI 合为一个中断源，响应中断以后，通过检测是否是 RI 置位引起的中断来决定是否接收数据。发送数据是通过调用子程序来完成。

定时器 T1 采用工作方式 2，可以避免计数溢出后用软件重装定时初值。

定时器 T1 初值计算如图 8-4 所示，定时器初值为 0FEH。

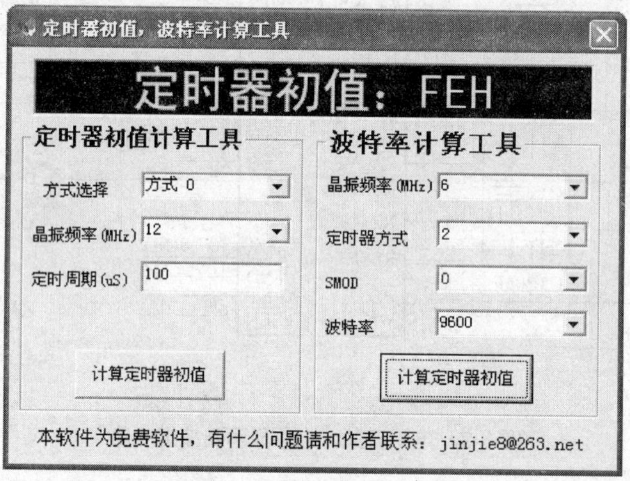

图 8-4　定时器 T1 初值计算

SCON 取值：50H。

TMOD 取值：20H。

可从网上下载一个串口调试工具作为 PC 机的收发软件。PC 机运行串口调试工具，单片机收发电路运行收发程序，可方便的观察单片机与 PC 机的通信。串口调试助手界面如图 8-5 所示。

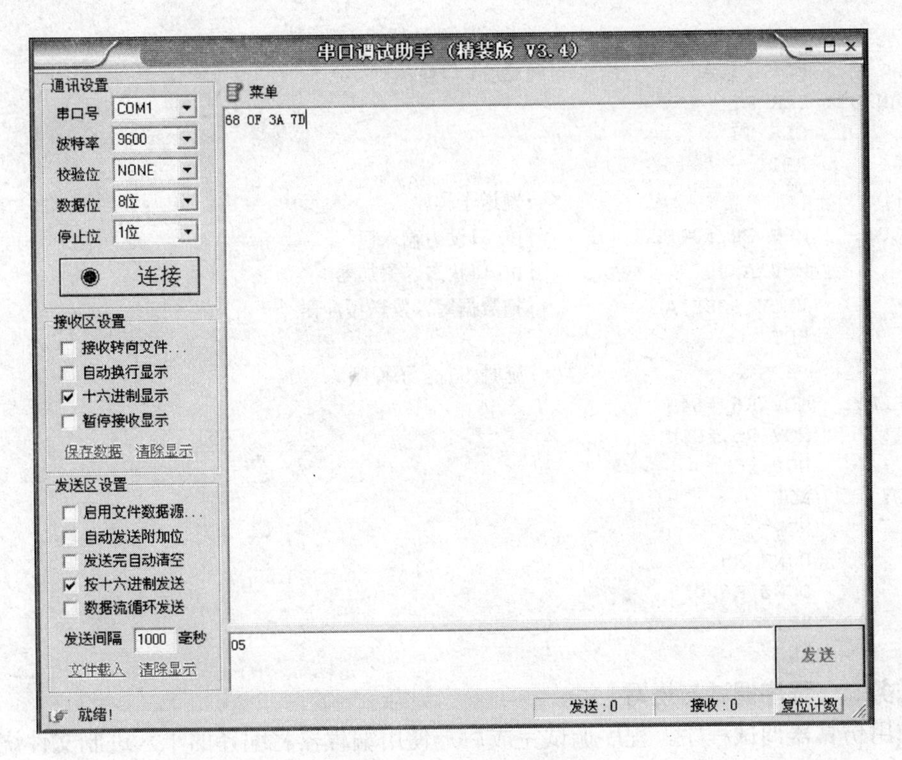

图 8-5　串口调试助手界面

参考程序：

```
        ORG 0000H
        LJMP START
        ORG 0023H
        LJMP SIN
START:  MOV TMOD,#20H          ;定时器 T1 设为方式 2
        MOV TL1,#0FEH          ;装入定时器初值
        MOV TH1,#0FEH          ;8 位重装值
        SETB TR1               ;启动定时器 T1
        MOV SCON,#50H          ;串行口设为方式 1
        SETB EA                ;开总中断
        SETB ES                ;开串行中断
MAIN:   SETB P2.7              ;P2.7 设为输入
        JB P2.7,MAIN
        LCALL DELAY            ;延时去抖
        JB P2.7,MAIN
        LCALL SOUT             ;调用发送子程序
NEXT:   JNB P2.7,NEXT          ;等待按键释放
        LCALL DELAY
        JNB P2.7,NEXT
        LJMP MAIN
                               ;串行中断服务程序
SIN:    JNB RI,FANHUI          ;判断是否为接收引起的中断
```

```
          MOV A,SBUF              ;从接收缓冲器读入数据
          MOV P1,A                ;送 P1 口显示
FANHUI:   CLR RI
          CLR TI
          RETI
                                  ;发送子程序
SOUT:     MOV P0,#0FFH            ;P0 口设为输入口
          MOV A,P0                ;P0 口状态送累加器 A
          VMOV SBUF,A             ;把数据写入发送缓冲器
          RET
                                  ;延时 10ms 子程序
DELAY:    MOV R6,#64H
D1:       MOV R5,#0EH
          NOP
D2:       NOP
          NOP
          DJNZ R5,D2
          DJNZ R6,D1
          RET
          END
```

任务二　程序调试与烧写

使用仿真器调试程序。程序调试完成后，使用编程器将编译的十六进制文件烧写入单片机，将单片机从编程器上取下，插入电路板的 IC 插座，给电路板接上 5V 电源，观察电路运行情况。

二、项目基本知识

知识点一　MCS-51 单片机串行口的结构

MCS-51 单片机内部有一个可编程的全双工串行通信电路，如图 8-6 所示，通过发送信号线 TXD（P3.1）和接收信号线 RXD（P3.0）完成单片机与外部设备的串行通信。

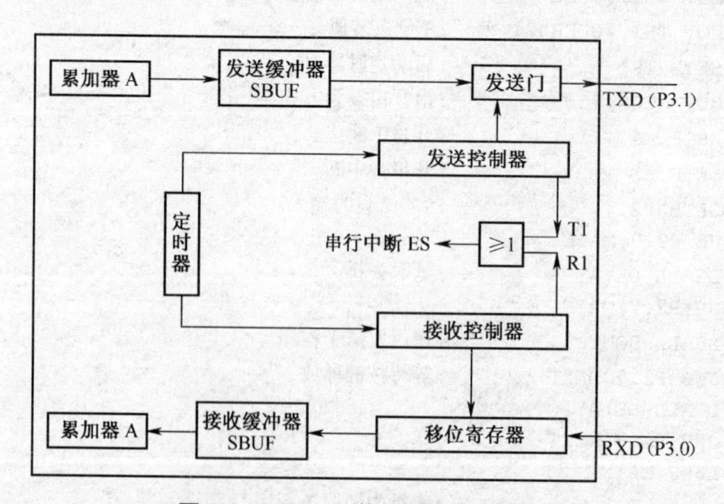

图 8-6　MCS-51 单片机串行口结构

通信的编程，关键是对相关寄存器进行合理的设置。在串行口的应用中经常用到的寄存器有以下几个。

1．数据缓冲寄存器 SBUF

在 MCS-51 单片机中，串行数据接收缓冲器和串行数据发送缓冲器使用了同一字节地址 99H，且用同一特殊功能寄存器名“SBUF”，但它们确实是两个不同的寄存器。由于串行数据接收缓冲器只能读，不能写，因此读 SBUF 寄存器时，操作对象是串行数据接收缓冲器。而串行数据发送缓冲器正好相反，即只能写入，不能读出，因此写 SBUF 寄存器时，操作对象是串行数据发送缓冲器。

当需要发送一个数据时，只要把数据写入 SBUF 寄存器即可；接收数据时，直接从 SBUF 寄存器读出即可，具体指令如下：

```
MOV SBUF,A              ;把 A 中的数送入 SBUF 即可发送出去
MOV A,SBUF              ;把接收到的数从 SBUF 中取出，送入 A
```

2．串行口控制寄存器 SCON

串行口控制寄存器 SCON 各位含义和功能如表 8-1 所示。

表 8-1 串行口控制寄存器 SCON 各位含义和功能

SCON 位	D7	D6	D5	D4	D3	D2	D1	D0
位名称	SM0	SM1	SM2	REN	TB8	RB8	TI	RI
功能	选择工作方式		多机通信控制位	串行接收允许位	待发送的第九位数据	接收到的第九位数据	发送中断标志位	接收中断标志位

SM0 与 SM1 位一起，作为串行口工作方式选择位，具体情况如表 8-2 所示。

表 8-2 串行口工作

SM0 SM1	工 作 方 式	说　明	波 特 率
0　0	方式 0	8 位同步移位寄存器	$f_{OSC}/12$
0　1	方式 1	波特率可变的 8 位异步串行通信方式	可变
1　0	方式 2	波特率固定的 9 位异步串行通信方式	$f_{OSC}/64$ 或 $f_{OSC}/32$
1　1	方式 3	波特率可变的 9 位异步串行通信方式	可变

REN 是串行接收控制位。当 REN 为 1 时，允许串行口接收数据；反之，当 REN 为 0 时，禁止串行口接收数据。因此，可通过软件使 REN 置 1 或清零，从而允许或禁止串行口接收数据。

TB8 是发送数据的第 9 位。在方式 2、方式 3 中，需要发送 9 位数据，待发送的低 8 位数据（B7～B0）存放在发送数据缓冲器 SBUF 中，第 9 位（B8）数据就是 SCON 寄存器的 TB8 位。在“一对一”通信系统中，TB8 可以是实际意义上的数据，也可以作为发送数据的奇偶标志位。而在多机通信中，TB8 作为地址/数据帧标志位。

RB8 是接收的数据的第 9 位。在方式 2、方式 3 中，需要接收 9 位数据，接收的

低 8 位数据（B7～B0）存放在接收数据缓冲器 SBUF 中，第 9 位（B8）数据就存放在 SCON 寄存器的 RB8 中。同样，RB8 可能是实际意义上的数据，也可能是发送数据的奇偶标志位。

TI 是发送结束中断标志。在完成了串行口初始化后，将待发送数据写入发送缓冲器，如果 TI 位为 0，则立即启动串行发送操作过程：自动在数据位前插入起始位，在数据位后插入停止位，并按指定波特率依次将起始位、数据位（由低位到高位）、停止位输出到发送引脚 TXD 上，当发送完最后一位数据位（在 8 位方式中，最后一位数据是 SBUF 中的 B7 位；在 9 位方式中，最后一位数据是 SCON 寄存器的 TB8 位）时（开始发送停止位）TI 自动置 1，表明当前数据帧已发送完毕。

RI 是接收有效中断标志。当接收到一帧有效数据后，RI 自动置 1，表明 CPU 可以读取存放在接收缓冲器 SBUF 中的数据。

可以通过软件查询 TI 或 RI，也可以通过中断方式判断发送、接收过程是否已完成。如果串行口中断允许 ES 为 1，则当 TI 或 RI 有效时，均会产生串行中断请求。因此，在串行中断服务程序中，需要查询 TI 和 RI，以确定串行中断请求是由发送引起还是由接收引起。此外，TI、RI 不会自动清除，在中断返回前需要用软件清除 TI、RI 中断标志。

SM2 是多机通信控制位。在方式 0 中，SM2 位必须为 0；在方式 2、方式 3 中，当 SM2 位为 1 时，具有选择接收功能，即接收到的第 9 位数据（RB8）为 1 时，接收中断 RI 才有效，这样通过控制 SM2 位，即可实现多机通信。

3．波特率选择

方式 1、方式 3 波特率与定时器 T1 溢出率、SMOD1 位关系如下：

$$\text{波特率}=\frac{\dfrac{\text{T1溢出率}}{32}}{2^{\text{SMOD1}}}$$

$$=\frac{\text{T1溢出率}}{32}\times 2^{\text{SMOD1}}$$

当把定时器 T1 溢出率作为波特率发生器（16 分频器）的输入信号时，为了避免重装初值造成的定时误差，定时器 T1 最好工作在可自动重装初值的方式 2，并禁止定时器 T1 中断。

而 T1 溢出率的倒数就等于定时时间 t，因此定时 T1 重装初值 C 与波特率之间关系为：

$$C=2^8-\frac{2^{\text{SMOD1}}}{384\times\text{波特率}}\times f_{\text{OSC}}$$ （T1 定时器工作在 12 分频状态）

$$C=2^8-\frac{2^{\text{SMOD1}}}{192\times\text{波特率}}\times f_{\text{OSC}}$$ （T1 定时器工作在 6 分频状态）

如果觉得定时器 T1 重装初值与波特率的计算比较麻烦，我们可以从网上下载一个定时器初值、波特率计算工具，计算就变得非常简单了，如图 8-7 所示。

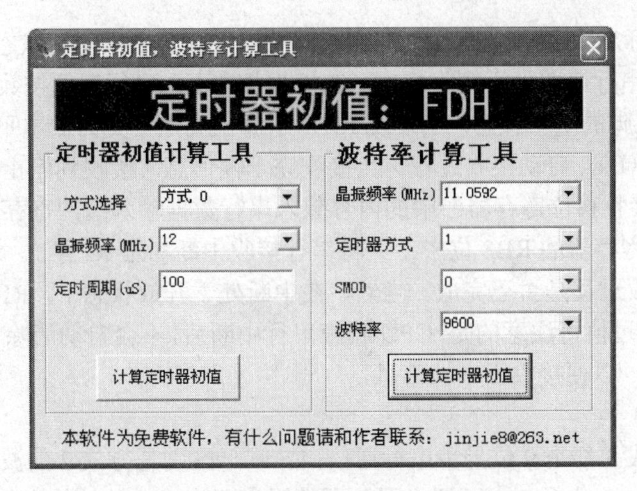

图 8-7　定时器初值、波特率计算工具

知识点二　MCS-51 单片机串行口的工作方式及应用

1．方式 0

串行口工作于方式 0 时，串行口本身相当于“并入串出”（发送状态）或“串入并出”（接收状态）的移位寄存器。8 位串行数据 B0～B7（低位在前）依次从 RDX（P3.0）引脚输出或输入，移位脉冲信号来自 TXD（P3.1）引脚，输出 / 输入移位脉冲频率固定为系统时钟频率 f_{OSC} 的 12 分频，不可改变。

当一个数据写入串行口发送缓冲器 SBUF 时，串行口将 8 位数据以 $f_{OSC}/12$ 的波特率从 RXD 引脚输出，发送完置中断标志 TI 为 1，请求中断。在再次发送数据前，必须由指令“CLR TI”清 TI 为 0。

当满足 REN=1 和 RI=0 的条件下，串行口即开始从 RXD 引脚以 $f_{OSC}/12$ 的波特率输入数据，当接收完 8 位数据后，置中断标志 RI 为 1，请求中断。在再次接收数据前，必须由指令“CLR RI”清 RI 为 0。

2．方式 1

串行口工作在方式 1 时为波特率可变的 8 位异步通信接口。数据由 RXD（P3.0）引脚接收，TXD（P3.1）引脚发送。发送或接收一帧信息包括 1 位起始位（固定为 0）、8 位串行数据（低位在前，高位在后）和一位停止位（固定为 1）共 10 位，一帧数据格式如下所示。波特率与定时器 T1（或 T2）溢出率、SMOD1 位有关（可变）。

方式 1 的发送过程如下。

在 TI 为 0 的情况下（表示串行口发送控制电路处于空闲状态），任何写串行数据输出缓冲器 SBUF 指令（如 MOV SBUF, A）均会触发串行发送过程。当 8 位数据发送结束后（开始发送停止位）时，串行口自动将发送结束标志 TI 置 1，表示发送缓冲区内容已发送完毕。这样执行了写 SBUF 寄存器操作后，可通过查询 TI 标志来确定发送过程是否已完成。当然，在中断处于开放状态下，TI 有效时，将产生串行中断请求。

方式 1 的接收过程如下。

在接收中断标志 RI 为 0（串行数据输入缓冲器 SBUF 处于空闲状态）的情况下，当 REN 位为 1 时，串行口即处于接收状态。在接收状态下，串行口便按数据检测脉冲速率不断检测 RXD 引脚的电平状态，当发现 RXD 引脚由高电平变为低电平后，表明发送端开始发送起始位（0），启动接收过程。当接收完一帧信息（接收到停止位）后，如果 RI 位为 0，便将“接收移位寄存器”中的内容装入串行数据输入缓冲寄存器 SBUF 中，停止位装入 SCON 寄存器的 RB8 位中，并将串行接收中断标志 RI 置 1。这样通过查询 RI 标志即可确定接收过程是否已完成。当然，在中断处于开放状态下，RI 有效时，也产生串行中断请求。不过值得注意的是，CPU 响应串行中断后，不会自动清除 RI，需要用“CLR RI”指令清除 RI，以便接收下一帧信息。

3．方式 2、3

方式 2 和方式 3 都是 9 位异步串行通信口，唯一区别是方式 2 的波特率固定为时钟频率的 32 分频或 64 分频，不可调，因此不常用。而方式 3 的波特率与 T1（或 T2）定时器的溢出率、电源控制寄存器 PCON 的 SMOD1 位有关，可调。选择不同的初值或晶振频率，即可获得常用的波特率，因此方式 3 较常用。下面以方式 3 为例，介绍串行口 9 位异步通信过程。

由于在方式 3 中，需要发送 9 位串行数据，低 8 位存放在 SBUF 寄存器中，而第 9 位（B8）存放在 SCON 寄存器的 TB8 位。因此发送前，必须先通过位传送指令将 B8（第 9 位数据）写入 SCON 寄存器的 TB8 位，然后才能执行写串行数据并发送至缓冲寄存器 SBUF，启动发送过程。

在方式 3 中，当 REN 位为 1 时，也会使串行口进入接收状态。接收的信息也从 RXD 引脚输入，接收到的低 8 位数据存放在移位寄存器中，第 9 位（B8）存放在 SCON 寄存器的 RB8 中。在方式 3 下，启动接收过程后，如果 RI 为 0、SM2 位为 0（或接收到的第 9 位数据为 1），则接收到第 9 位（B8）数据后，串行口便将存放在移位寄存器中的 8 位数据装入串行接收数据缓冲寄存器 SBUF 中，并自动将串行接收中断标志 RI 置 1。如果不满足 RI 为 0、SM2 位为 0（或接收到的第 9 位数据为 1，即 RB8 位为 1）条件，本次接收信息无效，接收到第 9 位数据后，不将“移位寄存器”内容装入 SBUF 特殊功能寄存器，RI 也不会置 1。

下面的发送中断服务程序，以 TB8 作为奇偶校验位，处理方法为数据写入 SBUF 之前，先将数据的奇偶校验位写入 TB8。CPU 执行 1 条写 SBUF 的指令后，便立即启动发送器发送，送完一帧信息后，TI 被置 1，再次向 CPU 申请中断。因此在进入中断服务程序后，在发送下一帧信息之前，必须将 TI 清零。程序如下：

```
PIPL:   PUSH    PSW         ;保护现场
        PUSH    A
        CLR     TI          ;清零发送中断标志
        MOV     A,@R0       ;取数据
        MOV     C,P         ;奇偶位送 C
        MOV     TB8,C       ;奇偶位送 TB8
        MOV     SBUF,A      ;数据写入发送缓冲器，启动发送
        INC     R0          ;数据指针加 1
                .
```

```
        POP     A               ;恢复现场
        POP     PSW
        RETI                    ;中断返回
```

在方式 2 接收时，若附加的第 9 位数据为奇偶校验位，在接收中断服务程序中应作检验处理，实现程序如下：

```
PIPL:   PUSH PSW                ;保护现场
        PUSH A
        CLR RI                  ;清零接收中断标志
        MOV A,SBUF              ;接收数据
        MOV C,P                 ;取奇偶校验位
        JNC L1                  ;偶校验时转 L1
        JNB RB8,ERR             ;奇校验时 RB8 为 0 转出错处理
        SJMP L2
L1:     JB RB8,ERR              ;偶校验时 RB8 为 1 转出错处理
L2:     MOV @R0,A               ;奇偶校验对时存入数据
        INC R0                  ;修改指针
        POP A                   ;恢复现场
        POP PSW
        RETI                    ;中断返回
ERR:                            ;出错处理
        …
        RETI                    ;中断返回
```

知识点三　RS-232 电平转换及与 PC 机的接口电路

当单片机与单片机通信时，由于是 TTL 电平之间的通信，只要将通信双方的 TXD 和 RXD 交叉相连，同时将双方的地线连上，在程序的控制下，就可以实现相互通信。

当单片机与 PC 机通信时，常常采用 PC 机的 RS-232 的接口进行，RS-232 标准规定发送数据线 TXD 和接收数据线 RXD 均采用 EIA 电平，即传送数字“1”时，传输线上的电平在-3～-15V；传送数字“0”时，传输线上的电平在+3～+15V。因此不能直接与 PC 机串口相连，必须经过电平转换电路进行逻辑转换。

RS-232C 与 TTL 之间常用的电平转换芯片是 MAX232，其管脚如图 8-8 所示。MAX232 内部有两套独立的电平转换电路，7、8、9、10 为一路，11、12、13、14 为一路。

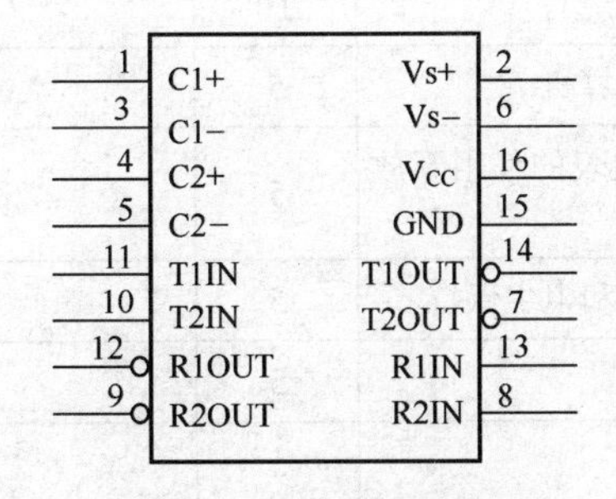

图 8-8　MAX232 管脚图

MAX232内置了电压倍增电路及负电源电路，使用单+5V电源工作，只需外接4个容量为0.1～1μF的小电容即可完成两路RS-232与TTL电平之间转换。MAX232典型应用电路如图8-9所示。

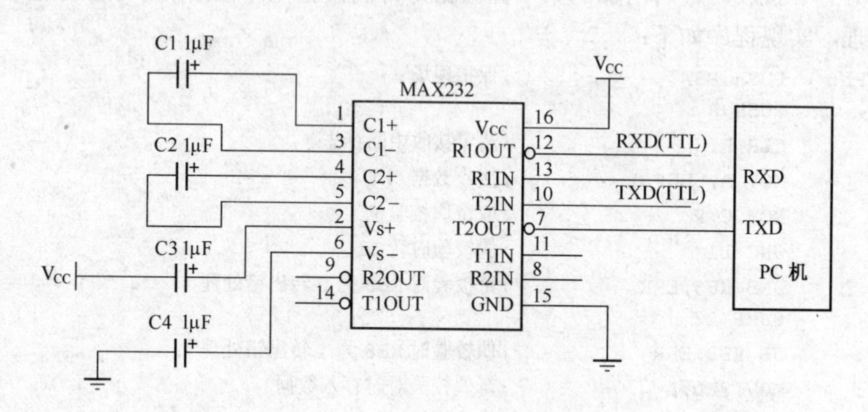

图8-9　MAX232典型应用电路

项目学习评价

一、自我评价、小组评价及教师评价

评价项目	项目评价内容	分值	自我评价	小组评价	教师评价	得分
理论知识	① MCS-51单片机串行口的结构	10				
	② MCS-51单片机串行口的工作方式	10				
	③ 绘制MAX232电平转换电路	20				
实操技能	① 单片机与PC机收发电路的制作	10				
	② MAX232电平转换的原理及应用	10				
	③ 程序的调试与烧写	10				
安全文明生产	① 正确开、关计算机	5				
	② 工具、仪器仪表的使用及放置	5				
	③ 实验台的整理和卫生保持	5				
学习态度	① 出勤情况	5				
	② 实验室纪律	5				
	③ 团队协作精神	5				

二、个人学习总结

成功之处	
不足之处	
改进方法	

附录　MCS-51 单片机指令系统

一、相关符号约定

MCS-51 系列单片机共有 111 条。按功能可将这些指令分成数据传送类指令（29 条）、算术运算类指令（24 条）、逻辑运算类指令（24 条）、控制转移类指令（17 条）、位操作类指令（17 条）五大类。

在介绍 MCS-51 单片机指令系统时，为叙述方便，约定一些符号的含义如下。

① Rn（n=0～7）：表示工作寄存器组 R7～R0 中的某一寄存器。

② @Ri（i=0～1）：以寄存器 R0 或 R1 作为间接地址，表示以 R0 或 R1 中的数作为地址，该地址中的数据。比如 R0 中的数为 30H，30H 单元中的数为 06H，则@R0 指的是 30H 单元中的数 06H。

③ @DPTR：以数据指针 DPTR（16 位）作为间接地址，含义同@Ri，但由于 DPRT 是 16 位寄存器，@DPTR 一般指向片外 RAM，用于单片机内部和外部之间的数据传送。

④ #data：为 8 位立即数。

⑤ #data16：为 16 位立即数。

⑥ direct：为 8 位直接地址，一般是内部 RAM 的 00～7FH 单元字节地址。

⑦ bit：为位地址。

⑧ rel：为 8 位偏移地址。

⑨ addr11：为 11 位目标地址。

⑩ addr16：为 16 位目标地址，用于 LCALL 和 LJMP 指令中，转移范围为 64KB。

⑪ /bit：表示位取反。

⑫ （X）：表示 X 中的内容。

⑬ （(X)）：表示（X）作地址，该地址的内容。

⑭ ←：表示将箭头一方的内容，送入箭头另一方的单元中，箭头的方向代表传送的方向。

二、MCS-51 单片机指令系统分类介绍

1．数据传送类指令（29 条）

数据传送是计算机系统中最常见、最基本的操作。其任务是实现系统内不同存储单元之间的数据传送。

通用格式：MOV <目的操作数>,<源操作数>

数据是由源操作数传向目的操作数，需要指出的是，这里的传送实际上是复制，也就是将源操作数复制一份送入目的操作数中，而源操作数不变。

数据传送指令一般不影响程序状态字寄存器 PSW 中的标志位，只有当数据传送到

累加器 A 时，PSW 中的奇偶标志位 P 才会改变。原因是奇偶标志位 P 总是体现累加器 A 中“1”的个数的奇偶性。

在 MCS-51 指令系统中，数据传送指令又包括以下几种情况。

（1）内部数据存储器 RAM 间数据传送指令

内部数据存储器 RAM 间数据传送的指令最多，共有 16 条，指令操作码助记符为 MOV。内部数据存储器 RAM 之间的数据传送关系如附图 1 所示。

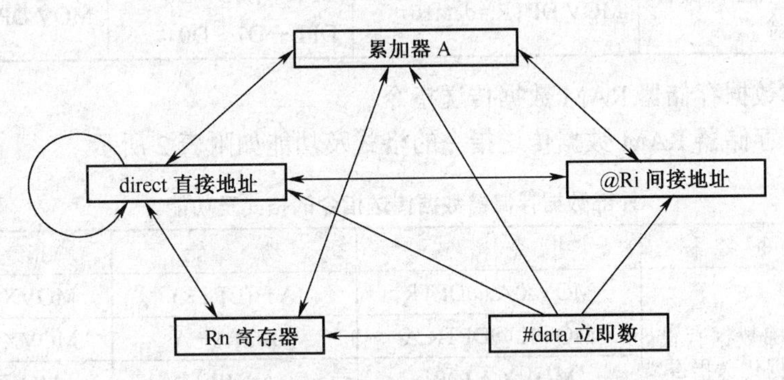

附图 1　内部 RAM 间数据传送关系图

由附图 1 可以看出，累加器 A 可以接受所有来源的数据，立即数只能作为源操作数，直接地址和直接地址之间可以互相传送数据，如 MOV 30H,40H；@Ri 间接地址之间不能互相传送数据，如 MOV @R2,@R2 是非法指令；Rn 寄存器之间不能互相传送数据，如 MOV R1,R2 是非法指令。另外，@Ri 间接地址和 Rn 寄存器之间也不能互相传送数据，如 MOV @R0,R2 和 MOV R2,@R0 都是非法指令。内部数据存储器 RAM 间数据传送指令的格式及功能如附表 1 所示。

附表 1　内部数据存储器 RAM 间数据传送指令的格式及功能

序号	指令名称	指令格式	功能	指令举例
1	以累加器 A 为目的操作数的数据传送指令	MOV A,Rn	A←Rn	MOV A,R6
2		MOV A,direct	A←(direct)	MOV A,30H
3		MOV A,@Ri	A←(Ri)	MOV A,@R0
4		MOV A,#data	A←data	MOV A,#45H
5	以 Rn 寄存器为目的操作数的数据传送指令	MOV Rn,A	Rn←A	MOV R4,A
6		MOV Rn,direct	Rn←(direct)	MOV R2,33H
7		MOV Rn,#data	Rn←data	MOV R7,#0FFH
8	以直接地址 direct 为目的操作数的数据传送指令	MOV direct,A	direct←A	MOV 40H,A
9		MOV direct,Rn	(direct)←Rn	MOV 3AH,R0
10		MOV direct2,direct1	(direct2)←(direct1)	MOV 30H,40H
11		MOV direct,@Ri	(direct)←(Ri)	MOV 30H,@R1
12		MOV direct,#data	(direct)←data	MOV 50H,#00H

续表

序号	指令名称	指令格式	功能	指令举例
13	以Ri间接地址为目的操作数的数据传送指令	MOV @Ri,A	(Ri)←A	MOV @R0,A
14		MOV @Ri,direct	(Ri)←(direct)	MOV @R1,5AH
15		MOV @Ri,#data	(Ri)←data	MOV @R0,#0AH
16	16位立即数传送指令	MOV DPTR,#data16	DPH←D15～D8 DPL←D7～D0	MOV DPTR,#3A4BH

（2）外部数据存储器RAM数据传送指令

外部数据存储器RAM数据传送指令的格式及功能如附表2所示。

附表2　外部数据存储器数据传送指令的格式及功能

序号	指令名称	指令格式	功能	指令举例
17	外部数据存储器数据传送指令	MOVX A,@DPTR	A←(DPTR)	MOVX A,@DPTR
18		MOVX @DPTR,A	(DPTR)←A	MOVX @DPTR,A
19		MOVX A,@Ri	A←(Ri)	MOVX A,@R0
20		MOVX @Ri,A	(Ri)←A	MOVX @R0,A

说明：

① 对外部RAM的访问只能通过累加器A。

② 对外部RAM的访问必须采用寄存器间接地址的方式。

寄存器间接地址的形式有两种：8位寄存器R0、R1和16位寄存器DPTR。当通过DPTR寄存器间接寻址方式读写外部RAM时，先将16位外部RAM地址放在数据指针DPTR寄存器中，然后以DPTR作为间接地址寄存器，通过累加器A进行读写。比如，要读写外部RAM的3F7EH存储单元，方法为：

```
MOV DPTR,#3F7EH        ;将外部RAM存储单元地址3F7EH以立即数形式传送到DPTR
MOVX A,@DPTR           ;将DPTR指定的外部存储单元（3F7EH）送累加器A
MOVX @DPTR, A          ;将累加器A输出到DPTR指定的外部存储单元（3F7EH）中
```

当通过R0或R1寄存器间接地址方式读写外部RAM时，先将外部RAM存储单元地址放在R0或R1寄存器中，然后以R0或R1作为间接寻址寄存器，通过累加器A进行读写，但由于R0或R1为8位寄存器，一般只能访问外部RAM的00H～FFH地址范围的存储单元。

③ 访问外部RAM的指令也作为访问扩展的外部设备端口的数据传送指令，比如：已知某外设端口的地址为3F4DH，则对此端口的读写操作为：

```
MOV     DPTR,#3F4DH     ;赋端口地址
MOVX    A,@DPTR         ;将外设中的数据读入A
MOVX    @DPTR,A         ;将A中的数据写入外设中
```

外部RAM的不同存储单元之间也不能直接传送，需要通过累加器A作为中介。

例1　把外部RAM的2000H单元内容传送到3000H单元中（两单元之间的数据传送）。

```
MOV     DPTR, #2000H      ;DPTR 指向单元地址 2000H
MOVX    A, @DPTR          ;2000H 单元内容送入 A
MOV     DPTR, #3000H      ;DPTR 指向单元地址 3000H
MOVX    @DPTR, A          ;A 中的内容送入 3000H 单元
```

（3）程序存储器向累加器 A 传送数据指令（查表指令）

为了取出存放在程序存储器中的表格数据，MCS-51 单片机提供了两条查表指令。这两条指令的操作码助记符为“MOVC”，其中“C”的含义是 Code（代码），表示操作对象是程序存储器。累加器 A 与程序存储器 ROM 之间的数据传送指令（查表指令）的格式及功能如附表 3 所示。

附表 3　　查表指令的格式及功能

序号	指 令 名 称	指 令 格 式	功　能	指 令 举 例
21	程序存储器向累加器 A 传送数据指令（查表指令）	MOVC A,@A+DPTR	A←(A+DPTR)	MOVC A,@A+DPTR
22		MOVC A,@A+PC	A←(A+PC)	MOVC A,@A+PC

其中“MOVC A,@A+DPTR”指令以 DPTR 作为基址，加上累加器 A 内容后，所得的 16 位二进制数作为待读出的程序存储器单元地址，并将该地址单元的内容传送到累加器 A 中。这条指令主要用于查表，例如，在程序存储器中，依次存放 0～9 的 8 段数码显示器的字形码 0C0H,0F9H,0A4H,0B0H,99H,92H,82H,0F8H,80H,90H，则当需要在 P1 口输出某一数码，如“5”时，可通过如下指令实现：

```
MOV     DPTR,#TAB         ;将字形表的首地址传送到 DPTR 中
MOV     A,#05H            ;把待显示的数码传送到累加器 A 中。
MOVC    A,@A+DPTR         ;表的首地址加 05H 的单元中的内容（6DH）送 A
MOV     P1,A              ;将数码“5”对应的字模码“6D”输出到 P1 口。
TAB: DB 3FH,06H,5BH,4FH,66H,6DH,7DH,07H,7FH,6FH,77H,7CH,39H,5EH,79H,71H
```

由于程序存储器只能读出，不能写入，因此没有写程序存储器指令。如 MOVC @A+DPTR,A 是非法指令。

（4）堆栈操作指令

堆栈操作是单片机系统基本操作之一。设置堆栈操作的目的一是为了保护断点，以便子程序或中断服务子程序运行结束后，能正确返回主程序，保护断点是自动进行的，并不需要指令来完成；二是为了保护现场，比如在主程序中正在使用累加器 A，响应中断后在中断服务程序中也要用到累加器 A，这时就会修改累加器 A 中的内容，再返回到主程序可能会造成数据出错，保护现场必须由人工通过指令完成。MCS-51 单片机堆栈操作指令的格式及功能如附表 4 所示。

附表 4　　堆栈操作指令的格式及功能

序号	指 令 名 称	指 令 格 式	功　能	指 令 举 例
23	堆栈操作指令	PUSH　direct	将 direct 中的内容压入堆栈	PUSH A PUSH PSW
24		POP　direct	将堆栈栈顶的内容弹出到 direct	POP PSW POP A

在中断服务程序开始处安排若干条PUSH指令，把需要保护的特殊功能寄存器内容压入堆栈，在中断服务程序返回指令前，安排相应的POP指令，将寄存器中的原来内容弹出。但PUSH和POP指令必须成对，且必须遵循“后进先出”的原则，即入栈顺序与出栈顺序相反，因此中断服务程序结构如下：

```
PUSH    PSW     ;保护现场
PUSH    A
……              ;中断服务程序实体
POP     A       ;恢复现场
POP     PSW
RETI            ;中断服务程序返回
```

（5）字节交换指令

MCS-51单片机提供了4条字节交换指令和两条半字节交换指令，这些指令的格式及功能如附表5所示。

附表5　　字节交换指令的格式及功能

序号	指令名称	指令格式	功能	指令举例
25	字节交换指令	XCH　A,Rn	A和Rn内容对调	XCH A,R5
26		XCH　A,direct	A和(direct)内容对调	XCH A,30H
27		XCH　A,@Ri	A和(Ri)内容对调	XCH A,@R0
28	半字节交换指令	XCHD　A,@Ri	A低4位和(Ri)低4位对调	XCHD A,@R0
29	累加器高低4位互换指令	SWAP　A	A高4位与A低4位对调	SWAP A

例2　将30H单元的内容高、低4位互换。

可执行如下指令：

```
MOV     A,30H
SWAP    A
MOV 30H,A
```

2．算术运算类指令（24条）

MCS-51单片机系统提供了丰富的算术运算指令，如加法运算、减法运算、加1指令、减1指令，以及乘法、除法指令等。

一般情况下，算术运算指令执行后会影响程序状态字寄存器PWS中相应的标志位。

（1）加法指令

加法指令的格式及功能如附表6所示。

附表6　　加法指令的格式及功能

序号	指令名称	指令格式	功能	指令举例
30	不带进位的加法指令	ADD　A,Rn	A←A+Rn	ADD A,R3
31		ADD　A,direct	A←A+(direct)	ADD A,3BH
32		ADD　A,@Ri	A←A+(Ri)	ADD A,@R1
33		ADD　A,#data	A←A+data	ADD A,#5EH

续表

序号	指令名称	指令格式	功能	指令举例
34	带进位的加法指令	ADDC A,Rn	A←A+Rn+CY	ADDC A,R4
35		ADDC A,direct	A←A+(direct)+CY	ADDC A,32H
36		ADDC A,@Ri	A←A+(Ri)+CY	ADDC A,@R0
37		ADDC A,#data	A←A+data+CY	ADDC A,#38H

说明：

① 所有加法指令的目的操作数均是累加器 A，源操作数可以是寄存器、直接地址、寄存器间接地址、立即数 4 种寻址方式。相加的结果存放在累加器 A 中。

② 加法指令执行后将影响进位标志 CY、溢出标志 OV、辅助进位标志 Ac 及奇偶标志 P。

相加后，若 B7 位有进位，则 CY 为 1；反之为 0。B7 有进位，表示两个无符号数相加时，结果大于 255，和的低 8 位存放在累加器 A 中，进位存放在 CY 中。

相加后，若 B3 位向 B4 位进位，则 Ac 为 1；反之为 0。

由于奇偶标志 P 总是体现累加器 A 中“1”的奇偶性，因此 P 也会改变。

③ 带进位加法指令中的累加器 A 除了加源操作数外，还需要加上程序状态字寄存器 PSW 中的进位标志 CY。设置带进位加法指令的目的是为了实现多字节加法运算。

例 3 双字节无符号数加法（R0R1）+（R2R3），结果存放在（R4R5）。

R0、R2、R4 存放 16 位数的高字节，R1、R3、R5 存放低字节。由于不存在 16 位数的加法指令，所以只能先加低 8 位，而在加高 8 位时连低 8 位相加时产生的进位一起相加。其编程如下：

```
MOV     A, R1          ;取被加数低字节
ADD     A, R3          ;低字节相加
MOV     R5, A          ;保存低字节和
MOV     A, R0          ;取高字节被加数
ADDC    A, R2          ;取高字节之和加低位进位
MOV     R4, A          ;保存高字节和
```

（2）减法指令

减法指令的格式及功能如附表 7 所示。

附表 7　　减法指令的格式及功能

序号	指令名称	指令格式	功能	指令举例
38	带借位减法指令	SUBB A,Rn	A←A-Rn-CY	SUBB A,R7
39		SUBB A,direct	A←A-(direct)-CY	SUBB A,32H
40		SUBB A,@Ri	A←A-(Ri)-CY	SUBB A,@R0
41		SUBB A,#data	A←A-data-CY	SUBB A,#6FH

MCS-51 单片机指令系统只有带借位减法指令，被减数是累加器 A，减数可以是内部 RAM、特殊功能寄存器或立即数之一，结果存放在累加器 A 中。与加法指令类似，

操作结果同样会影响标志位。

CY 为 1，表示被减数小于减数，产生借位。

相减时，如果 B3 位向 B4 位借位，则 Ac 为 1；反之为 0。

奇偶标志 P 总是体现累加器 A 中“1”的奇偶性，因此 P 也会变化。

由于 MCS-51 单片机指令系统只有带借位的减法指令，因此，当需要执行不带借位的减法指令时，可先通过“CLR C”指令，将进位标志 CY 清零。

例 4 用减法指令求内部 RAM 中 40H 单元和 41H 单元的差，结果放入 42H 单元。

实现程序如下：

```
MOV     A,40H       ;先把被减数传送到累加器 A 中
CLR     C           ;进位标志 CY 清零
SUBB    A,41H       ;减去 41H 单元的内容
MOV     42H, A      ;将结果传送到 42H 单元
```

（3）加 1 指令

加 1 指令使操作数加 1。加 1 指令的格式及功能如附表 8 所示。

附表 8　　加 1 指令的格式及功能

序号	指令名称	指令格式	功　能	指令举例
42	加 1 指令	INC　A	A←A+1	INC A
43		INC　Rn	Rn←Rn+1	INC R2
44		INC　direct	(direct)←(direct)+1	INC 30H
45		INC　@Ri	(Ri)←(Ri)+1	INC @R0
46		INC　DPTR	DPTR←DPTR+1	INC DPTR

加 1 指令不影响标志位，只有操作对象为累加器 A 时，才影响奇偶标志位 P。

当操作数初值为 0FFH，则加 1 后，将变为 00H。

（4）减 1 指令

减 1 指令使操作数减 1。减 1 指令的格式及功能如附表 9 所示。

附表 9　　减 1 指令的格式及功能

序号	指令名称	指令格式	功　能	指令举例
47	减 1 指令	DEC　A	A←A−1	DEC　A
48		DEC　Rn	Rn←Rn−1	DEC　R5
49		DEC　direct	(direct)←(direct) −1	DEC　3AH
50		DEC　@Ri	(Ri)←(Ri) −1	DEC　@R0

与加 1 指令情况类似，减 1 指令也不影响标志位，只有当操作数是累加器 A 时，才影响奇偶标志位 P。

当操作数的初值为 00H 时，减 1 后，结果将变为 FFH。

其他情况与加 1 指令类似。

（5）乘、除法指令

MCS-51 单片机指令系统提供了 8 位无符号数乘、除法指令，乘、除法指令的格式

及功能如附表 10 所示。

附表 10　　乘、除法指令的格式及功能

序号	指令名称	指令格式	功　能	指令举例
51	乘法指令	MUL　AB	A←A×B 的低 8 位 B←A×B 的高 8 位	MUL　AB
52	除法指令	DIV　AB	A（商）←A÷B B（余数）←A÷B	DIV AB

在乘法指令中，被乘数放在累加器 A 中，乘数放在寄存器 B 中，乘积的高 8 位放在寄存器 B 中，低 8 位放在累加器 A 中。

该指令影响标志位：当结果大于 255 时，OV 为 1；反之为 0；进位标志 CY 总为 0，AC 保持不变，奇偶标志 P 随累加器 A 中“1”的个数变化而变化。

MCS-51 单片机指令系统没有提供 8 位×16 位、16 位×16 位、16 位×24 位等多字节乘法指令，只能通过单字节乘法指令完成多字节乘法运算。

在除法指令中，被除数放在累加器 A 中，除数放在寄存器 B 中，商放在累加器 A 中，余数放在寄存器 B 中。

该指令影响标志位：如果除数（寄存器 B）不为 0，执行后，溢出标志 OV、进位标志 CY 总为 0；如果除数为 0，执行后，结果将不确定，OV 置 1，CY 仍为 0；AC 保持不变；奇偶标志 P 位随累加器 A 中“1”的个数变化而变化。

尽管 MCS-51 单片机指令系统没有提供 16 位÷8 位、32 位÷16 位等多位除法运算指令，但可以借助减法或类似多项式除法运算规则完成多位除法运算，相应的计算读者可查阅相关资料。

例 5　利用单字节乘法指令进行双字节数乘以单字节数的运算。

若双字节数的高 8 位存放在 30H 单元，低 8 位存放在 31H 单元，单字节数存放在 32H 单元，积存入 40H、41H、42H 单元（从高位到低位）。该运算步骤为：将 16 位被乘数分为高 8 位和低 8 位，首先由低 8 位与 8 位数相乘，所得的积的低 8 位即为最终结果的低 8 位，存入 42H 单元，积的高 8 位暂存于 41H 单元。再用 16 位被乘数的高 8 位乘以乘数，所得的积的低 8 位与暂存于 41H 单元的内容相加存入 41H 单元，作为最终结果的中间 8 位。而积的高 8 位还要与低位进位 CY 相加才能存入 40H 单元，作为最终结果的高 8 位。以上过程可由附图 2 表示。

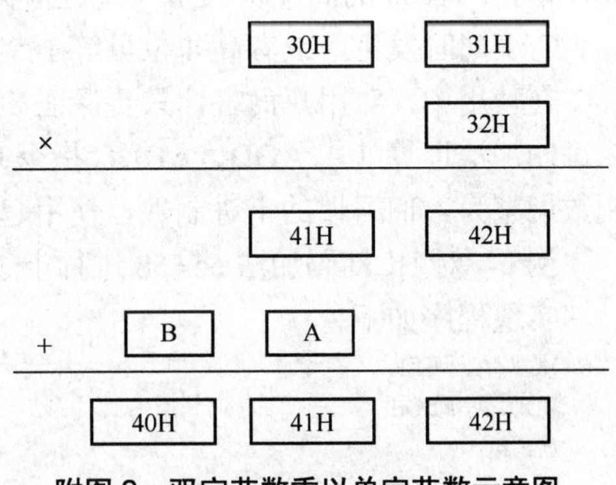

附图 2　双字节数乘以单字节数示意图

实现程序如下：

```
MOV     A,31H          ;取 16 位数的低 8 位
MOV     B,32H          ;取乘数
```

```
MUL    AB          ;相乘
MOV    42H,A       ;存积低8位
MOV    41H,B       ;暂存积高8位
MOV    A,30H       ;取16位数的高8位
MOV    B,32H       ;取乘数
MUL    AB          ;相乘
ADD    A,41H       ;相加得积的中间8位
MOV    41H,A       ;积的中间8位存于41H
MOV    A,B         ;积高8位送A
ADDC   A,#00H      ;带进位加法加0相当于加进行位
MOV    40H,A       ;积的最高8位存入40H
```

（6）十进制调整指令

十进制调整指令的格式及功能如附表11所示。

附表11　　十进制调整指令的格式及功能

序号	指令名称	指令格式	功能	指令举例
53	十进制调整指令	DA A	根据进位标志CY、辅助进位标志Ac以及累加器A内容，将累加器A内容转化为BCD码形式	DA A

十进制调整指令是一条对二—十进制的加法进行调整的指令。两个压缩的BCD码按二进制相加时，必须经过十进制调指令调整后才能得到正确的结果，实现十进制的运算。由于指令要利用AC、CY等标志才能起到正确的调整作用，因此它必须跟在加法ADD、ADDC指令后面方可使用。

该指令的操作过程为：若相加后累加器A低4位大于9或半进位标志AC=1，则加06H修正；若A的高4位大于9或进位标志CY=1，则对高4位加06H修正；若CY=1和AC=1同时发生，或者高4位虽等于9但低4位修正后有进位，则A应加66H修正。

在使用中，对用户而言，只要保证参加运算的两数为BCD码，并先对BCD码进行二进制加法运算（用ADD、ADDC指令），然后紧跟一条DA A指令即可把结果十六进制数调整为人们习惯的十进制数，使用起来是很方便的。

例6　对BCD码加法65+58进行十进制调整。

实现程序如下：

```
MOV A,#65H
ADD A,#58H
DA A
```

执行完ADD指令后结果为BDH，经过DA A十进制调整指令后结果为123，即65+58=123。

3．逻辑运算类指令（24条）

MCS-51单片机指令系统提供了丰富的逻辑运算指令，包括逻辑非（取反）、与、或、异或，以及循环移位操作等。

（1）逻辑与运算指令

逻辑与运算指令的格式及功能如附表 12 所示。

附表 12　　逻辑与运算指令的格式及功能

序号	指令名称	指令格式	功能	指令举例
54	逻辑与运算指令	ANL　A,Rn	A←A∧Rn	ANL A,R2
55		ANL　A,direct	A←A∧(direct)	ANL A,55H
56		ANL　A,@Ri	A←A∧(Ri)	ANL A,@R0
57		ANL　A,#data	A←A∧data	ALNL A,#0FH
58		ANL　direct，A	(direct)←(direct)∧A	ANL 31H,A
59		ANL　direct，#data	(direct)←(direct)∧#data	ANL 33H,#58H

逻辑与运算指令是将两个操作数按位进行逻辑“与”的操作。

例如：（A）=FAH=11111010B，（R1）=7FH=01111111B

执行指令：ANL　A，R1

结果为：（A）=01111010B=7AH

逻辑与 ANL 指令常用于屏蔽（置“0”）字节中某些位。若清除某位，则用“0”和该位相与；若保留某位，则用“1”和该位相与。

例如：（P1）=C5H=11000101B，屏蔽 P1 口高 4 位

执行指令：ANL　P1，#0FH

结果为：（P1）=05H=00000101B

（2）逻辑或运算指令

逻辑或运算指令的格式及功能如附表 13 所示。

附表 13　　逻辑或运算指令的格式及功能

序号	指令名称	指令格式	功能	指令举例
60	逻辑或运算指令	ORL　A,Rn	A←A∨Rn	ORL A,R2
61		ORL　A,direct	A←A∨(direct)	ORL A,30H
62		ORL　A,@Ri	A←A∨(Ri)	ORL A,@R0
63		ORL　A,#data	A←A∨data	ORL A,#33H
64		ORL　direct,A	(direct)←(direct)∨A	ORL 4AH,A
65		ORL　direct,#data	(direct)←(direct)∨#data	ORL 34H,#06H

逻辑或运算指令是将两个操作数按位进行逻辑“或”的操作。

例如：（A）=FAH=11111010B，（R1）=7FH=01111111B

执行指令：ORL　A，R1

结果为：（A）=11111111B=FFH

逻辑与 ORL 指令常用于使字节中某些位置“1”。若保留某位，则用“0”和该位相或；若置位某位，则用“1”和该位相或。

例如：（P1）=C5H=11000101B，将 P1 口低 4 位置“1”

执行指令：ORL　P1，#0FH

结果为：（P1）=05H=11001111B

（3）逻辑异或运算指令

逻辑异或运算指令的格式及功能如附表 14 所示。

附表 14　　逻辑异或运算指令的格式及功能

序号	指令名称	指令格式	功　能	指令举例
66	逻辑异或运算指令	XRL　A,Rn	A←A ⊕ Rn	XRL　A,R5
67		XRL　A,direct	A←A ⊕ (direct)	XRL　A,5AH
68		XRL　A,@Ri	A←A ⊕ (Ri)	XRL　A,@R1
69		XRL　A,#data	A←A ⊕ data	XRL　A,#88H
70		XRL　direct,A	(direct)←(direct) ⊕ A	XRL　4AH,A
71		XRL　direct,#data	(direct)←(direct) ⊕ #data	XRL　30H,#data

逻辑异或运算指令是将两个操作数按位进行逻辑“异或”的操作。

（4）累加器清零与取反指令

累加器清零与取反指令的格式及功能如附表 15 所示。

附表 15　　逻辑异或运算指令的格式及功能

序号	指令名称	指令格式	功　能	指令举例
72	累加器清零指令	CLR　A	A←0	CLR　A
73	累加器取反指令	CPL　A	A←$\overline{A}$	CPL　A

（5）循环移位指令

循环移位指令的格式及功能如附表 16 所示。

附表 16　　逻辑异或运算指令的格式及功能

序号	指令名称		指令格式	功　能	指令举例
74	循环左移指令	循环左移	RL　A	A7 … A0	RL　A
75		带进位循环左移	RLC　A	CY A7 … A0	RLC　A
76	循环右移指令	循环右移	RR　A	A7 … A0	RR　A
77		带进位循环右移	RRC　A	CY A7 … A0	RRC　A

循环移位指令的操作数只能是累加器 A，指令每执行一次，循环移位一位。

这类指令的特点是不影响程序状态字寄存器 PSW 中的标志位。只有带进位 CY 循环移位时，才影响 CY 和奇偶标志 P。

4．控制转移类指令（17 条）

以上介绍的指令均属于顺序执行指令，即执行了当前指令后，接着就执行下一条指令。但是在单片机系统中，只有顺序执行指令是不够的。有了控制转移类指令，就能很方便的实现程序的向前、向后跳转，并根据条件分支运行、循环运行、调用子程序等。

（1）无条件跳转指令

MCS-51 单片机指令系统中无条件跳转指令的格式及功能如附表 17 所示。

附表 17　　无条件跳转指令的格式及功能

序号	指令名称	指令格式	功　能	指令举例
78	绝对无条件跳转	AJMP　addr11	跳转到下条指令的地址的高 5 位和 addr11 组成的地址处	AJMP MAIN（标号）
79	长跳转	LJMP　addr16	跳转到 addr16 指定的地址处	LJMP MAIN（标号）
80	短跳转	SJMP　rel	跳转到下条指令的地址加上偏移量 rel 的地址处	SJMP MAIN（标号）
81	间接跳转	JMP　@A+DPTR	跳转到 A+DPTR 指定的地址处	JMP @A+DPTR

无条件跳转指令的含义是执行了该指令后，程序将无条件跳到指令中给定的存储器地址单元执行，相关说明如下。

① 长跳转指令给出了 16 位地址，该地址就是转移后要执行的指令码所在的存储单元地址，因此，该指令执行后，将指令中给定的 16 位地址装入程序计数器 PC。长跳转指令可使程序跳到 64KB 范围内的任一单元执行，常用于跳到主程序、中断服务程序入口处，如：

```
ORG 0000H
LJMP MAIN          ;MAIN 为主程序入口地址标号
ORG 0013H
LJMP INT1          ;INT1 为外中断 1 服务程序入口地址标号
```

② 绝对跳转指令 AJMP 只需 11 位地址，即该指令执行后，仅将指令中给定的 11 位地址装入程序计数器 PC 的低 11 位，而高 5 位（PC15～PC11）保持不变。因此 AJMP 指令只能实现 2KB 范围内的跳转。

③ 短跳转指令“SJMP rel”中的 rel 是一个带符号的 8 位地址，范围在−128～+127。当偏移量为负数（用补码表示）时，向前跳转；而当偏移量为正数时，向后跳转。

④ 在间接跳转“JMP @A+DPTR”指令中，将 DPTR 内容与累加器 A 相加，得到的 16 位地址作为 PC 的值。因此，通过该指令可以动态修改 PC 的值，跳转地址由累加器 A 控制，常用作多分支跳转指令。

说明：表面上看这些指令不太容易理解，其实用起来非常简单，即无论是哪种形式的跳转指令，我们只需在程序中写所要跳转的位置的标号就可以了，编译软件会自动计算地址。

（2）条件跳转指令

MCS-51 单片机指令系统提供了满足不同条件的跳转指令。条件跳转指令的格式及功能如附表 18 所示。

附表 18　条件跳转指令的格式及功能

序号	指令名称	指令格式	功能	指令举例
82	累加器 A 判零转移指令	JZ rel	累加器 A 为 0 跳转，不为 0 则顺序执行	JZ HERE（标号）
83		JNZ rel	累加器 A 不为 0 跳转，为 0 则顺序执行	JNZ HERE（标号）
84	比较转移指令	CJNE A,direct,rel	参与比较的两数若相等，则不跳转，程序顺序执行；若两数不等，则跳转；当目的操作数大于源操作数时 CY=0，当目的操作数小于源操作数时 CY=1	CJNE A,30H,NEXT
85		CJNE A,#data,rel		CJNEA,#60,NEXT
86		CJNE Rn,#data,rel		CJNE R6,#60,NEXT
87		CJNE @Ri,#data,rel		CJNE @R0,#24,NEXT
88	减 1 条件转移指令	DJNZ Rn, rel	Rn 中的内容减 1，若不 0，则跳转；若为 0，则程序顺序执行	DJNZ R0,LOOP
89		DJNZ direct, rel	直接地址中的内容减 1，若不 0，则跳转；若为 0，则程序顺序执行	DJNZ 30H,BACK

在这一组指令中，rel 作为相对转移偏移量，书写程序时，以标号代替。

比较转移指令兼有比较两个数的大小和控制转移双重功能。

减 1 条件转移指令 DJNZ 是把减 1 功能和条件转移结合在一起的一组指令。程序每执行一次该指令，就把第一操作数中的内容减 1，并且结果存在第一操作数中，然后判断操作数是否为零。若不为零，则转移到指定的位置，否则顺序执行。该指令对于构成循环程序是十分有用的，可以指定一个寄存器为计数器，对计数器赋以初值，利用上述指令进行减 1 后不为零就循环操作，构成循环程序。赋以不同的初值，可对应不同的循环次数。

例 7　软件延时程序。

实现程序如下：

```
         MOV  R1,#0FH          ;给 R1 赋循环次数初值
DELAY:   DJNZ R1,DELAY         ;循环 15 次后退出循环向下执行
```

（3）子程序调用及返回指令

MCS-51 单片机指令系统中子程序调用及返回指令的格式及功能如附表 19 所示。

附表 19　　子程序调用及返回指令的格式及功能

序号	指令名称	指令格式	功　能	指令举例
90	绝对调用	ACALL　addr11	子程序调用	ACALL DELAY
91	长调用	LCALL　addr16	子程序调用	LCALL DELAY
92	子程序返回指令	RET	子程序返回	RET
93	中断返回指令	RETI	中断返回	RETI

子程序调用指令用于执行子程序，调用指令中的地址就是子程序的入口地址，子程序执行结束后，要返回主程序继续执行。

子程序返回指令 RET 一般是子程序的最后一条指令，执行了该指令后，便返回主程序继续执行。

中断返回指令 RETI 也是中断服务程序的最后一条指令，执行了该指令后，便返回主程序继续执行。

（4）空操作指令

空操作指令的格式及功能如附表 20 所示。

附表 20　　空操作指令的格式及功能

序号	指令名称	指令格式	功　能	指令举例
94	空操作	NOP	PC←PC+1	NOP

执行空操作指令 NOP 时，CPU 什么事也没有做，但消耗了执行时间，常用于实现短时间的延迟或等待。

5．位操作类指令（17 条）

MCS-51 单片机具有丰富的位操作指令，在位运算指令中，进位标志 CY 的作用类似于字节运算指令中的累加器 A，因此 CY 在位操作指令中，被称为位累加器。MCS-51 单片机内部 RAM 字节地址 20～2FH 单元是位存储区（16 字节×8 位，共 128 个位），位存储器地址编码从 00～7FH 范围。此外，许多特殊功能寄存器，如 P0～P3 口锁存器、程序状态字 PSW、定时/计数器控制寄存器 TCON 等均具有位寻址功能。因此，位存储器包括了内部 RAM 中 20～2FH 单元的位存储区及特殊功能寄存器中支持位寻址的所有位。

（1）位基本操作指令

位基本操作指令主要包括位传送指令，位置位、清零指令和位逻辑指令。位基本操作指令的格式及功能如附表 21 所示。

附表 21　　位基本操作指令的格式及功能

序号	指令名称	指令格式	功　能	指令举例
95	位传送指令	MOV　C, bit	C←(bit)	MOV C,20H
96		MOV　bit, C	(bit)←C	MOV 20H,C
97	位清零指令	CLR　C	C←0	CLR C
98		CLR　bit	(bit)←0	CLR 20H

续表

序号	指令名称	指令格式	功能	指令举例
99	位置“1”指令	SETB C	C←1	SETB C
100		SETB bit	(bit)←1	SETB P1.0
101	位取反指令	CPL C	C←$\overline{C}$	CPL C
102		CPL bit	(bit)←$\overline{(bit)}$	CPL P1.0
103	逻辑与指令	ANL C, bit	C←C∧(bit)	ANL C,20H
104		ANL C, /bit	C←C∧$\overline{(bit)}$	ANL C,/20H
105	逻辑或指令	ORL C, bit	C←C∨(bit)	ORL C,20H
106		ORL C, /bit	C←C∨$\overline{(bit)}$	ORL C,/P1.2

（2）位条件转移指令

位条件转移指令是以进位标志 CY 或位地址 bit 的内容作为是否转移的条件。位条件转移指令的格式及功能如附表 22 所示。

附表 22　位条件转移指令的格式及功能

序号	指令名称	指令格式	功能	指令举例
107	以 CY 内容为条件的转移指令	JC rel	CY 为 1 跳转，为 0 则顺序执行	JC SMLL
108		JNC rel	CY 为 0 跳转，为 1 则顺序执行	JNC BIG
109	以位地址内容为条件的转移指令	JB bit, rel	位地址 bit 为 1 跳转，为 0 则顺序执行	JB P3.1,NEXT
110		JNB bit, rel	位地址 bit 为 0 跳转，为 1 则顺序执行	JNB P3.1,LOOP
111		JBC bit, rel	位地址 bit 为 1 跳转，并将位地址 bit 清 0，否则顺序执行	JBC P3.1,NEXT

以 CY 内容为条件的转移指令 JC、JNC 比较转移指令 CJNE 一起使用，先由 CJNE 指令判别两个操作数是否相等，若相等就顺序执行；若不相等则依据两个操作数的大小置位或清零 CY，再由 JC 或 JNC 指令根据 CY 的值决定如何进一步分支，从而形成三分支的控制模式。

例 8　比较内部 RAM 30H 和 31H 单元中的内容的大小，大数存放在 40H 单元，小数存放在 41H 单元。

实现程序如下：

```
        MOV A,30H               ;30H 中的内容送 A
        CJNE A,31H,BUDENG       ;比较两数大小，不等转移
        SJMP BIG                ;相等，不区分大小数
BUDENG: JC,BIG                  ;CY 是否为 1
        MOV 41H,31H             ;CY=0，则 30H 中的数大
```

```
        MOV 40H,30H
        SJMP BACK
BIG:    MOV 41H,30H                  ;CY=1，则 31H 中的数大
        MOV 40H,31H
BACK:   RET
```

三、伪指令

伪指令不是单片机本身的指令，不要求 CPU 进行任何操作，不产生目标程序，不影响程序的执行，它仅仅是能够帮助进行汇编的一些指令。伪指令主要用来指定程序或数据的起始位置，给出一些连续存放数据的确定地址，或为中间运算结果保留一部分存储空间以及表示汇编程序结束等。几种常用的伪指令如附表 23 所示。

附表 23　　几种常用的伪指令

指令名称	指令格式	功　能	指令举例
设置目标程序起始地址伪指令	ORG 16 位地址	指明后面程序的起始地址，它总是出现在每段程序的开始	ORG 0000H LJMP MAIN
汇编结束伪指令	END	是汇编语言源程序的结束标志	END
定义字节伪指令	DB 8 位二进制数表	把 8 位二进制数表依次存入从标号开始连续的存储单元	TAB:DB 30H,6AH
定义字伪指令	DW 16 位数据表	与 DB 相似，区别在于从指定的地址开始存放的是 16 位数据。高 8 位先存，低 8 位后存	ORG 0000H DS 20H DB 30H,7FH
等值伪指令	字符名称 EQU 数字或汇编符号	使指令中的字符名称等价于给定的数字或汇编符号。经赋值后字符名称就可以在程序中代替数字或汇编符号	HOUR EQU 30H MIN EQU 31H
位地址定义伪指令	字符名称 BIT 位地址	将位地址赋予 BIT 前面的字符，经赋值后就可以在程序中用该字符代替 BIT 后面的位地址	FLG BIT F0 PORT BIT P1.0

读者信息反馈表

姓名		身份	□学生　□教师　□其他	
E-mail		电话		
通讯地址			邮编	
购书地点		购书日期		
购书因素	□学校订购　□书店推荐　□朋友推荐 □书目宣传　□自己搜索　□内容精彩			
学习方式	□学校开课　□教学备课　□社会培训 □自学　□获取资料			
对本书的看法	（内容、版式有哪些长处和不足，定价是否合理）			
对本书的建议	（本书需要调整哪些内容）			
您的期望	（您对本系列教材还有什么期望）			

回函方式

地址：北京市崇文区夕照寺街 14 号人民邮电出版社 517 室（收）

邮编：100061

电话：010-67132746/67129258

邮箱：wuhan@ptpress.com.cn

（此表格电子文件可在网站 http://www.ycbook.com.cn 上“资源下载”栏目中下载）